아들 취급 설명서

'남자의 뇌'를 철저히 분석한
뇌과학자 엄마가 파헤친 아들 양육의 비밀

아들 취급 설명서

구로카와 이호코 지음 | 김성은 옮김

BM 황금부엉이

머리말

•

아들을 둔 모든 엄마들이 이 책을 읽었으면 좋겠다. 그리고 엄마를 둔 모든 남자들도 읽었으면 좋겠다.

남자의 뇌는 여자와는 다른 성질로 태어나고 자란다. 그러니 여자인 엄마가 '남자의 뇌과학'을 모르고 남자아이를 이해하기란 너무도 어려운 일이다. 물론 그런 지식이 없어도 아들과 애착관계가 잘 형성되었다면 대개는 수월하게 극복한다. 하지만 뇌과학을 안다면 육아는 훨씬 쉽고 즐거워진다.

이 책을 읽는 독자가 아들을 둔 엄마가 아니라 아빠라면, 아내와 아들 사이에서 오는 스트레스 혹은 그 스트레스를 날려버릴 방법이 눈에 들어올 것이다.

남자아이의 그릇 크기는 엄마가 결정한다. 갓 태어난 아들 옆에서 한시도 떨어지지 않고 딱 붙어있는 엄마가 아들의 뇌 속 '좌표축'을 좌지우지하기 때문이다. 아들을 크고 다부지게 키우고 싶은 아빠라면, 아들의 체력을 단련시키기 이전에 아내가 평안한 마음을 가질 수 있도록 도와줘야 한다. 아들을 둔 아빠가 갖추어야 할 제1 덕목은 아내를 살피는 자세다. 멀리 돌아가는 느낌이겠지만 이 방법이 유일한 지름길이다.

아들을 둔 아빠가 아니라도, 언젠가 누군가의 아들이었거나 지금도 아들인 모든 남자들이 이 책을 보면 좋겠다. 엄마란 사람이 어떤 존재인지 알 수 있다. 이 책은 아들을 키우고 있는 엄마라는 한 인간에게 보내는 메시지인 동시에 남자의 뇌를 길러내는 여자의 힘겨움과 고귀함을 보여주는 증거이기도 하다. 여러분의 엄마가 당신이라는 보물을 얻고 얼마나 길을 잃고 헤매다 새로운 길을 찾아 나아갔는지, 얼마나 정성 어린 마음을 쏟으며 하루하루를 살아갔는지, 젊은 시절 엄마의 기쁨과 당혹감을 꼭 느껴보길 바란다.

혹시라도 이 책을 보다가 엄마에게 충분히 받지 못한 부분이 있다는 것을 눈치 채더라도 슬퍼하거나 노여워하지 말자. 배울 만한 내용이 있으면 그것만 조용히 눈여겨보면 된다. 엄마가 당신을 키우던 시절에는 이런 책이 없었으니 넓은 마음으로 엄마를 이해해자.

그럼 이제부터 아들을 '엄마도 반하게 만드는 심쿵 남자'로 키우는 방법에 대해 자세히 살펴보자.

차례

2장 '살아가는 힘'을 키우는 법

3장

사랑을 품은 남자로 키우는 법

4장 의욕을 키우는 법

5장 '에스코트 능력'을 키우는 법

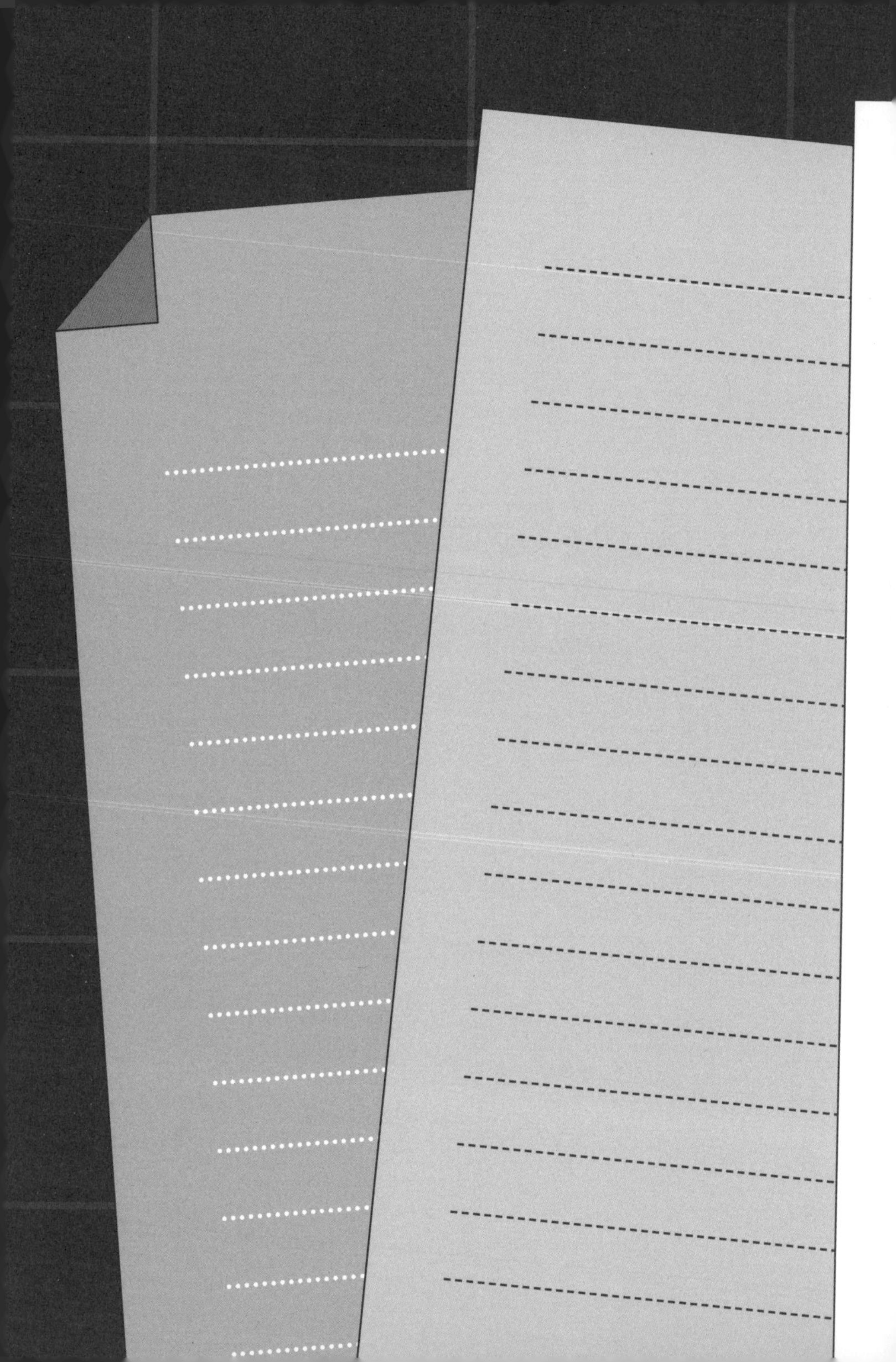

남자의 뇌를 배우다

공원에서 엄마의 손을 놓는 그 순간은
어린 뇌의 입장에서 세상으로 기운차게 나아가는 것과 같다.
인생 최초의 모험이라 할 수 있다.
커다란 모험은 엄마를 계속 돌아보고 엄마가 변함없이
그곳에 있는지 확인하면서 시작된다. 어린 남자의 뇌는
엄마와 거리를 재면서 세계를 넓혀간다.

대부분의 남자들은 '공간 인지'를 우선시하는 뇌 유형으로 태어난다. 물론 그렇지 않은 사람도 있지만 대다수가 그렇다. '공간 인지 우선형'이란 자연스럽게 멀리까지 보고 공간의 거리를 측정하거나 사물의 구조를 인지하는 신경회로를 우선하는 뇌 사용방식을 말한다.

이에 반해 대부분의 여자들은 '커뮤니케이션'을 우선시하는 뇌 유형을 가지고 있다. '커뮤니케이션 우선형'이란 가까이 있는 대상에 신경을 집중하고 눈앞에 있는 사람의 표정이나 행동에 반응하는 신경회로를 우선하는 뇌 사용방식이다.

사람들은 대개 두 가지 방식을 섞어서 사용하지만 순간적으로 어떤 것을 먼저 사용하느냐, 무의식적으로 어느 쪽을 선택하느냐는 것은 이미 정해져 있다. 각자 자주 사용하는 손이 있는 것처럼 모든 두뇌에도 '자주 쓰는 회로'가 있다. 생명과 직결된 일이 닥쳐 '순간적'으로 판단해야 할 때 잠시라도 머뭇거리면 목숨이 위험해진다. 그래서 두뇌는 무심결에 자주 사용하는 회로를 따로 정해두는 것이다.

미니카에 빠진 남자아이, '나'에게 빠진 여자아이

대부분의 어린 남자아이들은 자동차와 전철, 기차에 푹 빠진다. 반면 여자아이가 미니카를 진열장에 늘어놓는 경우는 본 적이 없다.

요즘 뇌과학 분야에서는 '두뇌에서 남녀 차이는 없다'는 말이 돌고 있다. 이에 대해 어떤 연구자는 앞서가는 것처럼 보이기 위해 하는 발언이라고 지적한 바 있다. 개인적으로는 여자의 사회활동을 지향하는 사회적 분위기에서 온 결과라고 생각한다. 그러나 학계에서 아무리 남녀 차이가 없다고 한들, 실제로 아이를 키우는 엄마 입장에서는 확실히 남자아이와 여자아이는 다르다는 사실을 실감한다.

남자아이는 미니카를, 여자아이는 반짝반짝 빛나는 액세서리를 좋아한다. 부모가 그렇게 키운 것도 아닌데 자연스럽게 아이들의 관심 분야가 나누어진다. 필자도 어린 아들에게 시험 삼아 예쁜 액세서리 세트를 사준 적이 있었다. 하지만 아들은 1초도 쳐다보지 않았다. 포클레인이나 소방차 장난감이었다면 달려들어 하루 종일 푹 빠져 놀았을 것이다.

여자아이는 남의 기분을 살피는 능력이 뛰어나서 아무리 어려도 엄마의 미소가 가진 힘을 충분히 인지한다. 3~4세에 이미 아빠를 좌지우지할 수 있을 정도다. 이웃에 사는 여자아이를 지켜보면 "와, 여성스럽다."라는 감탄이 절로 나올 정도다. 반면 남자아이가 미소 띤 얼굴이나 어깨를 움츠리는 행동을 무기로 사용하는 경우는 거의 없다.

남자아이와 여자아이는 우는 모습도 다르고, 움직임도 다르다. 고집을 부리는 이유와 기분이 나아지는 지점 또한 다르다. 좋아하는 옷이나 장신구도 다르다. 물론 개인차는 있겠지만 육아를 하는 엄마라면 "여자애라 그렇죠.", "남자애라 그래요."라는 말을 자주 한다.

이런 상황을 보고도 남자아이와 여자아이가 같다고 단정 지을 수 있을까? 두뇌에 남녀 차이가 없다는 멋져 보이는 말로는 현실 육아를 할 수 없다. 그런 의미에서 새삼스럽지만 남자와 여자의 뇌는 다르다는 사실을, 다시 한 번 강조한다.

남녀의 뇌는 같다?

남자와 여자는 똑같은 뇌를 가지고 태어난다. 남자에게만 있거나 여자에게만 있는 특별한 기관은 없다. 남자와 여자 모두 똑같은 기능을 탑재한 상태이다. 이런 의미에서라면 '남녀의 두뇌는 같다'고 할 수 있다. 그러나 기질은 어떤 기능을 탑재했느냐보다 뇌가 '순간적으로 어떤 기능을 선택하느냐'로 결정된다. 남녀에게 탑재된 기능, 즉 스펙은 모두 같지만 신경계 신호 모델이 순간적으로 선택하는 것은 남녀에 따라 달라진다. 이것이 바로 뇌가 만들어내는 성별 차이다.

'남녀의 뇌는 같다'고 주장하는 학자들은 '단지 스펙 차이로 남녀의 뇌가 다르다고 말할 수 없다'는 원론을 바탕으로 스펙에 개인차를 넘어선 성별 차이는 발견되지 않았다고 결론 내렸다. 그야 그렇다. 인체에 만들어진 장기이니 남녀의 두뇌 스펙은 같을 수밖에 없다. 그런데 뇌생리학 연구자들은 어째서 전 기능을 탑재할 수 있는 스펙을 두고 남녀의 뇌를 비교하게 되었을까? 애당초 그 전제 자체가 잘못이다.

뇌가 하는 일은 선택이다

뇌는 준비된 모든 스펙을 항상 가동하는 장치는 아니다. 뇌에는 천문학적으로 많은 회로가 있어서 온갖 사태에 대응할 수 있는 기능을 갖추었지만, 그 모든 것을 항상 사용하는 구조는 아니다. 필요한 순간에 필요한 회로에게만 재빠르게 전기 신호를 흘려보낸다.

가령 '눈앞을 스쳐 지나간 검은 그림자'가 있다고 하자. 검은 그림자의 정체를 고양이라고 생각한다면 고양이를 인지하는 회로에만 전기 신호를 보내야 한다. 코끼리를 인지하는 회로나 쥐를 인지하는 회로에도 신호를 보내면 눈앞을 지나간 동물이 무엇인지 파악하지도 못하고 몸이 굳어버린다. 이때 필요한 회로를 재빠르게 선택한 사람은 '머리가 좋다'거나 '센스가 있다'라는 말을 듣는다.

순간적으로 어떤 회로를 선택하느냐 하는 것은 잠재의식에 나타나는 이벤트이다. 뇌는 공장에서 찍어내는 제품이 아니라서, 물론 100%는 아니지만, 확실히 성별 차가 보인다. 남자들이 선택하는 회로 모델과 여자들이 고르는 회로 모델은 다른데, 그 징후는 태어난 지 얼마 되지 않았을 때부터 나타난다. 남녀의 뇌는 스펙이 아닌 '순간적으로 무의식중에 하는 선택'이 다르다는 뜻이다.

'먼 것'과 '가까운 것'의 양자택일

뇌는 여러 개의 일을 동시에 할 수 없다. 그래서 순간적으로 어떤 것을 선택할 것인지 미리 정해놓아야 안전하다.

뇌는 먼 곳과 가까운 곳을 동시에 볼 수 없다. '멀리까지 본다'와 '가까운 곳을 본다' 중 하나를 선택해야 한다. 가까운 곳도 보고 먼 곳도 보고자 한다면 둘 다 정확히 볼 수 없을 것이다. 광범위하게 무언가를 찾을 때나 운동장이나 사격장 같은 특수한 장소에서 판단을 내릴 때는 가까운 곳과 먼 곳을 동시에 보는 것이 효과적이겠지만, 실제로는 그 상황에서 어떤 행동을 하는 것이 힘들다. 그래서 멀리 있는 목표를 주시할 때와 가까이 있는 사랑스러운 것을 쳐다보고 마음을 쓸 때는 완전히 다른 뇌신경 회로를 사용한다. 모든 인간은 두 가지 기능을 다 사용할 수 있지만 동시에 사용할 순 없다.

뇌신경 섬유 네트워크를 가시화한 신경 회로도를 보면, 먼 곳을 볼 때는 이마와 후두부를 잇는 선을 따라 뇌의 세로 방향을 많이 사용하고, 가까운 곳을 볼 때는 우뇌와 좌뇌를 잇는 가로 방향 신호를 더 많이 사용한다. '전자 회로'를 기반으로 판단할 때 이 둘은 명백히 다른 장치이다.

이 세상에는 순간적으로 '먼 것'을 선택하는 뇌와 '가까운 것'을 선택하는 뇌가 있다. 대부분의 남자들이 전자인데 반해 대부분의 여자들은 후자로 초기 설정되어 있다. 즉 남자와 여자는 '멀리 있는 목표물을 조준하는' 모습과 '가까이 있는 자잘한 것부터 살피는' 모습으로 나누어진다.

이렇게 남녀의 뇌가 다르게 설정된 데에는 분명한 이유가 있다. 초기 설정이 남자의 뇌는 사냥에, 여자의 뇌는 육아에 초점이 맞춰졌기 때문이다. 이렇게 해야 생존 가능성이 높고 더 많은 유전자를 남길 수 있다. 어느 것이 좋고 나쁘다의 문제가 아니다. 둘 다 인류에 꼭 필요한 기능이다. 남녀는 똑같은 두뇌를 가졌지만 순간적으로 '다른 장치'를 선택하여 삶의 균형을 맞추어가는 동반자 관계이다. 가족에게 위험이 닥쳤을 때 한 명은 순간적으로 위험물을 조준하여 대처하고, 다른 한 명은 눈앞에 있는 소중한 것부터 재빨리 살피며 지킨다. 소중한 것은 이 두 가지 기능을 모두 갖추었을 때 지킬 수 있다.

남자와 여자의 '순간적인 선택'이 다르기에 멋지다. 하지만 '순간적인 선택'이 다르기에 또한 화를 부른다.

남자들의 '벌여놓기 병'

남자들은 순간적으로 멀리 있는 목표에 집중

한다. 씻으러 들어가면 욕조만 눈에 들어오고, 볼일이 급하면 변기만 보인다. 그래서 주방에 가면서 눈앞에 있는 컵을 싱크대로 옮겨 놓거나 조금 전에 벗어놓은 셔츠를 빨래바구니에 넣을 생각을 조금도 하지 못한다. 그 결과, 벗어놓거나 올려놓는 식의 행동을 벌여놓고 그냥 내버려두는 버릇이 생겼다. 아무리 주의를 주고 잔소리를 해도 같은 행동을 반복한다. 이는 남자가 하고자 하는 의욕이 없어서가 아니다. 순간적으로 '먼 것'을 선택하는 뇌의 엄청난 재능 덕분이다. 이런 순간적인 접속 기능 덕분에 남자들은 사냥을 잘한다.

사람이 집중해서 주시할 수 있는 시각 범위는 눈앞에 있는 '엄지 손톱' 크기라고 한다. 멀리 있는 사냥감을 주시할 때는 당연히 코앞에 있는 것이 보이지 않고 보고만 있을 수도 없다. '저 멀리 있는 사냥감을 잡아야지' 하고 마음먹으면 '발 언저리의 장미꽃이나 딸기'에 신경이 팔려서는 안 된다.

남자는 목표에 깔끔하게 접속하고 그것을 잊지 않고 기억한다. 이런 시각 습관은 사고방식과 말투에도 똑같이 적용된다. 목표 의식이 높고 객관성을 가질 때 나타나는 장점은 셀 수 없이 많다. 자연계열 교과목은 이런 센스가 있어야 즐겁게 배울 수 있다. 사회에서도 이런 능력이 뛰어나면 좋은 평가를 받는다. 이런 능력은 잘나가는 사업가의 요건이기도 하다.

물론 여자도 이런 식으로 뇌를 사용할 수 있다. 커리어우먼은 물론 살림을 잘하는 주부 9단은 이런 능력을 자유자재로 사용한다.

'남은 재료로 맛있는 음식을 재빨리 해내'거나 '절묘한 수납 시스템을 고안하여 깔끔히 정돈'하는 베테랑 살림꾼들이 가뿐히 집안일을 해내는 것은 뇌의 '먼 곳'과 '가까운 곳'을 적절히 섞었을 때 나오는 필살기다.

이런 집안일이야말로 인공지능 중에서 가장 높은 최상위 레벨이다. 바둑 고수를 이기는 것보다 베테랑 주부 되는 것이 훨씬 어렵다. 매일 집안에 발 디딜 곳이 있음을 진심으로 감사해야 한다.

단점을 없애면 장점도 사라진다

남자들은 먼 곳을 보는 능력을 발휘하여 들판을 가르고 숲을 헤치며 적과 싸우고 가족을 지키고 자손을 남겼다. 수학이나 물리학 분야에서 새로운 발견을 거듭하며 다리를 놓고 건물을 세우고 우주에도 날아갔다. 그러나 '가까운 것을 보는 능력'은 허술해서 우수한 남자의 뇌일수록 집에는 도움이 되지 않는 듯하다. 그저 '멍 때리면서 벌여놓기 잘하는 남자'로 보일 뿐이다.

두뇌가 육아 모드로 전환되면 '인생 최고로 자잘한 것까지 생각이 미치는 초예민 상태'인 엄마 뇌의 입장에서는 벌여놓기 대장의 흔적이 너무도 신경 쓰여서 어찌할 바를 몰라 한다. 그러니 당연히

'이렇게 해라', '서둘러라', '얼른 해라', '왜 안 하냐'라고 다그치게 된다. 그렇다고 '가까운 곳을 주시하고 앞으로 나아가는 것에 신경 쓰는' 뇌 사용법을 강요하면 남자아이는 차츰 먼 곳을 볼 수 없게 되어 '우주까지 닿을 모험심이나 개발 능력' 같은 장점도 자연스럽게 사라진다. 하나를 키우면 하나가 못 큰다. 이것이 뇌의 정체, 즉 감성 영역의 특성이다. 단점을 완전히 없애려 하면 장점 또한 줄어든다. 아들에게 남성다운 뇌를 심어주고 싶다면 약점도 받아들여야 한다.

그런 이유로 우선은 아들 인생에 자주 찾아오는 '멍 때리기'와 '벌여놓기'를 체념해야 한다. 이것이 아들 사용법의 기본 중의 기본이다. 아들 육아 법칙 제1조라 해도 과언이 아니다. 아들을 위해 다소 엄격히 훈육하는 자세는 괜찮지만 여자의 뇌를 기준으로 삼고 그렇게 못한다 해도 격분하지는 말자. 아들이 행동하지 않는 것은 의욕이 없어서도, 생각이 없어서도, 인간성에 문제가 있어서도 아니다. 그저 몰라서 못하는 것뿐임을 가슴 깊이 새기자. 아울러 남편이 하는 멍 때리기와 벌여놓기 버릇도 인정하면 가정생활이 편해진다.

남자와 산다, 남자아이를 키운다, 이 말은 '남자의 뇌'의 장점에 반한 나머지 단점은 허용한다는 뜻이다.

딸 육아와 아들 육아, 테마가 다르다

아들은 귀엽다. 물론 딸도 귀엽지만 귀여움의 종류가 다르다.

아들이 가슴에 깊이 파고들듯 사랑스러운 이유는, 남자아이의 자아는 여자아이보다 훨씬 늦게 확립되기 때문이다. 여자아이는 '자기 자신'의 존재를 분명히 알고 그것을 능수능란하게 표현한다. 남자아이는 자신보다 '대상'에 집중하는 경향이 강하고, 제 자신을 제쳐두고 우선 '엄마'에게 집중한다. 점차 장난감, 운동, 우주로 관심 범위가 확대되지만 사춘기에 본격적으로 자아를 확립하기 전까지는 엄마에게 집중하는 편이다. 이런 행동은 남자아이 뇌의 바탕에 깔려 있다. 다시 말해 남자의 뇌는 인생의 초반부에 자아를 엄마에게 몽땅 쏟는다. 그 '막무가내의 사랑'이라는 감정이 엄마 없이는 못 사는 '껌딱지'를 만든다.

여자는 가까운 곳을 두루두루 살피고 사랑스러운 것에 마음을 주는 재능을 가지고 태어나 점차 객관성을 익히고 어엿한 성인이 되어간다. 어린 시절에 사랑스럽다고 느낀 것 중 최고봉은 바로 '내 자신'이다. 여자아이는 아주 어릴 때부터 자기 자신을 사랑하고 나와 주변 사람들이 어떻게 연관되어 있는지를 세심히 관찰한다. 구슬리면 잘 웃고, 어른의 눈을 바라보며 사랑스러운 몸짓도 한다. 인형을 끌어안으며 제 몸에 닿는 보드라운 촉감을 통해 자신의 존재를 확인하기도 한다. 그 '자기애'를 드러내는 동작은 아빠를 싱글벙글하게 만든다. 엄마와의 일체감이 강한 유아기에는 자신과 같은 성별의 엄마를 사랑한다. 관찰력이 좋아서 엄마가 알아채기 전에 "엄마, 살쪘지?"라고 말하기도 한다. 작은 손이지만 엄마를 도우려고 애쓴다. 당연히 뜻대로 되지 않아 엎거나 엉망진창이 되어 혼나기도 하지만 이것은 '장난'도 '쓸데없는 행동'도 아닌 사랑에서 비롯된 행동이다.

여자아이는 머지않아 자기 자신보다 사랑하는 누군가 혹은 무엇인가를 만나 아픈 경험을 하고, 독서 또는 공부에 빠져 자아를 다스리면서 성장하여 진정한 어른이 되어간다. 딸 육아의 핵심은 '자아의 알맞은 조절, 가감'을 도와주는 일이다. 딸이라고 맹목적으로 귀여워하기만 해서는 안 되는데, 그게 잘 안 되는 젊은 부모들이 많다.

딸 육아의 핵심이 자아를 조절하며 알맞게 다듬는 과정이라면, 아들 육아의 핵심은 자아 확립이다.

대부분의 남자들은 먼 곳을 바라보며 전체를 파악하고 사물의 구조를 알아채는 재능, 즉 객관성을 가지고 태어나 머지않아 자신의 생각인 주관성을 마주하고, 사랑하는 사람을 지킬 줄 아는 진정한 어른이 된다. 다시 말해, 어른이 된다는 말은 남녀 모두 주관성과 객관성 두 가지를 손에 넣는 것이다.

남자든 여자든 객관성을 나타내는 먼 곳과 주관성을 나타내는 가까운 곳을 균형 있게 보며 책임감을 가지는 투철한 전사임과 동시에 사랑이 담긴 말이나 다정한 행동을 아끼지 않아야 진정한 어른이라고 할 수 있다. 한류 붐을 일으킨 드라마 〈사랑의 불시착〉에 등장하는 잘생긴 북한 장교 '리정혁'처럼 말이다. 강한 전투력과 경제력을 갖추고, 리정혁과의 사랑을 쟁취한 여성 사업가 '윤세리'처럼 말이다.

세상 모든 사람이 그런 어른이 된다면 '뇌에 남녀 차이란 없다'고 말해도 좋다. 하지만 남녀는 성장의 방향성이 완전히 반대라서 어른이 될 때까지의 뇌는 다르다고 할 수 있다. 그래서 딸 육아와 아들 육아는 설정된 테마 자체가 다르다.

모든 남자가
남성형 뇌를 가진 것은 아니다

남자들 중에도 가까운 것을 두루두루 살피고 귀여운 것에 마음이 가는 재능을 가지고 태어난 타입도 있다. 이는 신의 실수가 아니다. 태곳적부터 일정 비율은 그렇게 태어났으니 신의 예상 범위 안에 속하는 일이다.

자아를 끌어내고 눈앞에 있는 사람에게 마음을 쓰는 기능은 우뇌와 좌뇌의 제휴신호에 의해 이루어진다. 우뇌는 감정을 느끼는 영역이고, 좌뇌는 현재를 직관하고 말을 만들어내는 영역이다. 느끼는 것을 말로 표현하고 타인의 표정이나 행동을 보고 그 기분을 관찰할 때 좌뇌와 우뇌는 제휴신호를 사용한다. 다시 말해 여자는 태어나길 좌뇌와 우뇌의 제휴신호를 우선적으로 사용하는 경향이 강하다는 뜻이다.

좌우뇌 제휴신호는 뇌량(腦梁)이라는 기관이 담당한다. 뇌량은 뇌의 한가운데 있는 우뇌와 좌뇌를 가로로 잇는 신경섬유 다발이다. 많은 신호를 재빨리 통과시키기 위해서 이 신경섬유 다발의 두께가 남자보다 여자가 두껍다.

두께의 정도나 퍼센트에 관해서는 다양한 의견이 있다. 10%라는 연구자도 있고 몇 퍼센트에 불과하다는 주장도 있다. 피험자를 선정하는 방법이나 수치 처리 방식에 따라 편차가 있으나 '여자의 뇌는 남자의 뇌에 비해 두껍다'는 소견은 무시할 수 없다. 실제로 뇌외과 의사가 '남녀 차는 있다'고 주장하기도 했으며, 인공지능(AI)에게 남녀의 뇌 화상을 보여주고 학습을 시킨 후 미지의 화상을 보여줘도 거의 오차 없이 남자와 여자를 구분하는 실험결과도 있다. 간혹 뇌량이 여자처럼 두껍게 태어난 남자들도 있다.

사실 남자의 뇌량이 처음부터 얇았던 것은 아니다. 처음에는 여자와 똑같은 두께였지만 임신 28주를 지나며 엄마의 태반에서 공급되는 남성 호르몬의 영향으로 얇아진다. 이 때문에 임신 상태나 엄마와 아이의 체질 조합에 따라서 얇아지지 않고 여아와 비슷한 두께로 태어나는 남아도 당연히 존재한다. 뇌량이 두꺼운 상태로 태어나면 자연히 주관성을 우선적으로 선택하며 인생을 시작한다. 일반적인 남자아이와는 다른 길을 걷게 되고 어른이 되어서도 대부분의 남자와는 확연히 다른 대답을 한다.

육체는 남성의 몸으로 남성 호르몬의 영향을 받지만 뇌는 주관을 우선시하며 움직인다. 이런 유형은 미의식이 높은 직감형 천재로 활약하는 경우가 많다. 다시 말해 '뇌량이 두꺼운 남자가 가끔 태어난다'는 말은 싸움을 좋아하는 거친 남자들 사이에 간혹 미의식이 높은 직감형 천재가 태어나기 위한 자연계의 섭리, 신이 이미 예상한 일이다.

미의식이 높은 천재들의 뇌

당연히 아티스트, 디자이너, 음악가, 유능한 사업가 등에 이런 유형이 많다. 대표적인 인물이 스티브 잡스다. 그의 행동이나 말투를 보면 이 유형이라 예측할 수 있다. 그는 전설적인 일체형 컴퓨터를 만들어내고(그가 그것을 실현하기 전까지 컴퓨터란 모니터, 연산장치, 기억장치가 따로 있는 거대하고 흉물스러운 기계였다) '퍼스널 컴퓨터'라는 새로운 영역을 개척한, 우리 모두가 아는 애플의 창시자다.

상대성이론으로 우주를 뒤바꾼 아인슈타인은 76세에 타계했다. 그의 뇌를 해부해보니 뇌량이 30대 남성 평균보다 약 10%나 두꺼웠다고 한다. 최상급 주관성과 객관성을 두루 갖춘 완벽한 뇌를 가졌기에 우주를 완전히 뒤엎는 엄청난 발견을 할 수 있었던 것이다.

코코 샤넬 사후 샤넬 브랜드를 한층 더 발전시킨 카리스마 디자이너인 칼 라거펠트도 몸짓이나 말투, 그의 작품세계를 가늠해볼 때 뇌가 주관형으로 초기화된 유형이라고 예상된다.

남성의 여성스러움은 뇌의 '올바른' 행동

스티브 잡스는 애처가로 유명하다. 아인슈타인은 애처가로도 유명했지만 부인 외의 애인들도 있었다고 알려져 있다.

간혹 남자 중에 자신에게 없는 감성을 요구하고 남자를 사랑하는 경우가 있지만 이상한 일은 아니다. 패션 디자이너 칼 라거펠트는 게이임을 숨기지 않았다. '먼 곳'을 볼지 '가까운 곳'을 볼지, 객관성을 우선할지 주관성을 우선할지의 차이이다. 이런 뇌의 '순간적인 신경 신호'의 특성은 행동과 말투, 생각하는 스타일, 사물의 호불호에도 큰 영향을 끼친다.

주관 우선형 남자들 중에는 여자처럼 행동하고 여자처럼 살아가야 두뇌가 원활히 돌아가는 사람도 있다. 경우에 따라서는 남자를 사랑하는 사람도 있을 것이다. 게이는 오랜 시간 인류가 금기시했으나 꼭 그럴 필요는 없다. 뇌에게는 일면 '올바른' 행동이다.

아들이 '여성형 뇌'라고 느낄 때

아들을 키우는 이상 '주관 우선의 아이'나 '여

성처럼 치장하고 행동하고 싶어 하는 아이'나 '남자 애인을 데려오는 아이'일 가능성이 전혀 없을 수 없다는 사실을 알아야 한다. 여러 번 강조하지만 인류의 예상 안에 있는 일이다.

반복해서 말하지만 주관 우선의 남자아이는 '미의식이 높은 천재형'이다. 보물을 손에 넣은 것과 같다. 억지로 남자다움을 강요하지 말고 딸처럼 부드럽게 자아를 잘 조절할 수 있도록 도와주고, 멋진 아티스트나 사업가로 키우면 된다. 모든 '주관 우선 남자'가 동성애 성향은 아니지만 혹시 아들이 그렇다면 넓은 마음으로 받아들이고 사회의 역풍을 가족 모두 의연하게 날릴 수 있도록 노력하면 된다.

자손 번창은 어쩌냐고? 그것이 더 이상 인류의 사명은 아니지 않는가. 최근 40년간 세계 인구는 2배나 늘었다. 내가 대학을 다니던 시절의 세계 인구는 40억에 불과했는데 현재 인구는 80억에 육박한다. 내 인생을 내 자신과 사회만을 생각하며 소신 있게 살아가는 사람이 조금 더 늘어난다 해도 전혀 문제되지 않는다. 이성끼리 가정을 이루어도 자녀를 낳을지 둘만의 생활을 영위할지는 부부가 선택할 문제다. 이성과 결혼하면 자녀를 출산하는 세상의 상식에 얽매이는 사고방식은 현재의 지구에는 걸맞지 않는다. 아이가 선택한 길을 무엇이든 인정해주는 여유가 필요하다.

아들 육아는 아찔한 엔터테인먼트

물론 아이를 낳는 길을 선택한 사람들에게는 진심으로 축복을 보낸다. 나는 아들을 가진 사실을 정말 기뻐했고, 아들은 나의 자랑이기도 했다. 늠름하고 사려 깊고 게다가 애교도 있다. 며느리가 드라마 〈사랑의 불시착〉을 본 후 이런 말을 했다.

"꿈을 꿨는데, 제가 윤세리가 되어서 리정혁에게 사랑받고 싶다고 생각하다가 눈을 떴어요. 그런데 거기에 남편이 있지 않겠어요? 뭐야, 우리집에 이미 있잖아. 생각해보니 오히려 남편이 더 낫잖아요. 제가 전생에 나라를 구했나봐요."

며느리의 이런 극찬은 나의 훈장이기도 하다. 나는 이렇게 아들의 미래 반려자를 위해서라도 남녀 뇌론을 적절히 활용하여 아들을 키워냈다. 그래서 며느리에게 마음껏 즐기라고 말하고 싶다.

2세, 4세, 8세, 14세, 20세의 아들을 다시 만나고 싶다. 가끔 보이는 사랑스러움과 가끔 당하는 놀라움과 꾸준히 변하지 않는 나에 대한 무조건적인 사랑을 다시 느껴보고 싶다. 이제부터 각 시기별 아들과 만날 젊은 엄마들이 나는 너무도 부러워 죽겠다. 아들 육아는 눈앞이 아찔해지는 엔터테인먼트 같았다. 모든 엄마들이 아들이 가지고 있는 자랑거리와 환호를 충분히 맛보기를 진심으로 바란다.

여자가 '남자의 뇌'를 키우는 과정은 새로운 발견을 쌓는 일이고

'이 세상의 반을 차지하는 감성'을 손에 넣는 멋진 모험이다. 그러나 안타깝게도 신비한 모험의 세계에 푹 빠져서 즐기지 못한다. 그곳에는 당혹감과 초조함과 좌절이 기다리고 있기 때문이다. 마법사 할머니가 나타나서 도와주지 않으면 조금 힘겹다. 그 마법사 할머니가 바로 이 책이 되길 바란다.

다시 본론으로 돌아와서, 이제부터는 객관성을 우선시하는 '남자의 뇌'에 초점을 맞춰 이야기하겠다.

남자아이가 차와 전철을 사랑하는 이유

남자아이는 '먼 곳'을 먼저 인식하는 뇌를 가지고 태어난다. 이것은 뇌가 공간 인지력을 먼저 사용한다는 뜻이다. 길이를 인지하고, 거리감을 터득하고, 사물의 구조를 꿰뚫는 능력이 놀라울 정도로 빨리 발달한다. 이것은 사냥에 꼭 필요한 능력이며 자연계열 재능의 원천이기도 하다.

뇌는 자신이 잘하는 것을 하고 싶어 하게 만들어졌다. 그래서 남자아이는 일반적으로 거리를 재거나 구조를 확인하며 논다. 남자아이들이 자동차나 전철을 좋아하는 이유는 여기에 있다. 광택이 나는 재료로 만든 그 소재감은 멀리서도 눈에 띄고 빛에 반사되는 재질이라 형태나 구조를 보기만 해도 이해하기 쉽다. 더구나 장치도 한 가득 달려있고 움직이기까지 한다.

아이가 처음 소방차 장난감을 만졌던 때를 잊을 수가 없다. 철이 자석에 이끌리듯이 아이는 장난감에 달싹 붙었다. 마치 남자의 뇌 판정 리트머스지 같았달까.

여자들이 보기에는 무엇이 그리 재미있을까 싶은 '일하는 자동차'들. 여자아이들 대부분은 살짝 쳐다보고 만다는 그 일하는 자동차를 예로 들어보자. 이런 형태나 구조, 다시 말해 눈으로 직접 확인하고 이해할 수 있는 물체가 자신과 조금 떨어진 곳에 있으면 남자아이들은 몹시 흥분한다. 기어가서라도 그 존재를 기어코 확인한다. 그런 행동이 공간 인지력을 향상시키고 호기심을 불러일으킨다.

따라서 남자아이를 키울 때 집안은 조금 어질러진 상태여도 괜찮다. 저기에 소방차, 여기에 포클레인이 널브러져 있어도 된다. "세 번째 장난감을 꺼낼 거면 하나는 정리하자."라고 엄마가 정리 정돈을 강요한다면 남자아이는 시야가 넓은 남자로 자라지 못할 수도 있다. 어질러진 채로 두는 것이 남자아이를 위한 가장 좋은 영재 교육이다. 방이 어질러졌다고 이러니저러니 누군가 잔소리를 한다면 내 아들을 천재로 만들기 위한 과정이라고 말하며 웃어넘기자.

남자 어른들과의 관계가 아들을 성장시킨다

아들은 어른이 되어 자동차업계에 취직할 정도로 엄청난 자동차 애호가다.

언젠가 출장길에 나무로 만든 너무도 멋진 자동차를 사온 적이 있었다. 아름다운 외관에 매끈한 조형물이라 가격도 꽤 나갔다. 아들이 함박웃음을 지어줄 거라 기대하고 두근거리는 마음으로 선물을 꺼냈는데 아들은 실망하며 만져 보지도 않았다.

"엄마, 몰랐어? 내가 좋아하는 건 기구란 말이야."

"기, 구?"

"응. 열었다 돌렸다 들었다 하는 그런 거."

"아, 기구(機構) 말하는 거구나."

아직 어린 아들의 뇌가 상당히 남자형 뇌에 가깝다는 것에 놀란 나머지 '기구'라는 단어를 어디서 배웠냐고 묻는다는 걸 까먹었다. 아마도 할아버지나 외할아버지에게서 들었을 것이다. 친정아버지는 전쟁 후에 사회 선생님이 되었지만 전쟁으로 학업을 중단하기 전에는 자연계 전공자였다. 시아버지는 손재주가 좋은 직공이었다. 두 분 모두 이런 단어를 충분히 사용할 법했다. 아들도 누구에게 그 단어를 배웠는지 기억하지 못하지만 "분명히 어렸을 때부터 그 말을 알고 있었어요. 철이 들었을 땐 이미 기구를 좋아하고 있었어요."

라고 증언했다.

공대 여자인 나 또한 그런 감각은 선명하고 강렬하게 기억한다. 남자의 뇌는 여자의 상상을 뛰어넘는 지점에서 몰래 성장하는 것 같다. 할아버지나 아버지의 역할은 의외로 크다. 그러니 '성인 남자'와 보내는 시간을 의식적으로 늘려보자. 집밖에 있는 '성인 남자'와 만나는 기회를 가지는 것도 좋다.

아들은 초등학교 저학년 때 집 근처에 있는 바둑교실에 다녔다. 그곳에 모인 할아버지들이 어린 입문자를 매우 기쁘게 맞아주어 번갈아가면서 상대해주었다. 바둑알을 보고 어찌 할지 몰라 당황한 아들에게 한 할아버지는 이렇게 말씀하셨다.

"보렴, 꼬마야. 이 바둑판은 세상이야. 너는 이제부터 세계를 정복하러 가는 거야. 그 첫발을 어디에 둘래?"

그 말을 듣고 아들은 눈을 반짝이며 첫 바둑알을 놓았다. 아들이 프로 기사가 되었다면 이 이야기는 아름다운 전설 속 한 페이지로 남았겠지만 세상은 그리 녹록하지 않다. 아들의 재능은 그곳에 있지 않았다. 하지만 바둑교실에서 배운 남자들의 철학은 분명 그의 뇌에 중요하게 자리매김했을 것이다. 무엇보다 자신보다 나이 많은 사람들과 이야기를 잘 나누는 능력은 분명 바둑교실 덕분이라고 생각한다. 아들은 지금도 연륜 있는 남자들의 철학이나 그들이 쌓아온 지식 등을 양식으로 삼고 그들에게 사랑받는다. 이런 능력은 다른 회사의 지원 없이는 운용하기 힘든 중소기업 임원 입장에서는 사업상으로 큰 메리트다.

그러고 보니 집 근처 생선가게 사장님과는 물고기에 관해 허심탄회하게 이야기를 나누곤 했다. 어느 날 마트에서 회를 사려고 하자 아들이 "회는 그 생선가게에서 사요. 그 사장님이 거짓말하거나 대충 해줄 것 같아요?"라고 말했다. 문맥은 맞지 않지만 아마도 '그 아저씨가 정성스레 잘라준 회는 안심하고 먹을 수 있어'라는 뜻이었을 것이다.

남자들에게는 그들만의 신뢰 관계가 있다. 아들은 도쿄 구라마에와 미스지의 경계선에서 자랐다. 아사쿠사와 니혼바시 사이에 위치하며 스카이트리도 잘 보인다. 이곳은 예로부터 모자나 가방 등을 만들어 파는 소품 가게가 많아서 장인들도 많이 사는 멋진 동네다. 어린 시절부터 많은 남자 어른들에게 둘러싸여 자란 아들은 큰 혜택을 받았다고 본다. 엄마 입장에서는 아들과 아들 주변에 있는 남성들과의 교류에 무관심할 수 있겠지만, 기회가 생기면 도망가지 말고 대화의 물꼬를 터보자.

아무도 건들지 않는 자신만의 공간이 창의력을 키운다

남자아이에게는 '계속 그 상태를 유지하는 놀

이 공간'을 제공해야 한다. 몇 달이고 블록이나 나무토막 쌓기를 '만들었다 허물고' 할 수 있는 '기지'라 불릴 만한 공간이 필요하다. 내 아이는 외동이지만 2층 침대를 사주었다. 위층은 잠자리로 사용하고, 아래층은 그만의 '기지'로 만들어주었다. 아들은 어린이집 친구들과 집중해서 가상의 우주 기지를 만들고 위층까지 점령하여 결국 온 방안을 블록으로 가득 채웠다. 잘 자리도 없어져서 결국 내 이불에 파고들어 잠들었던가.

얼마 전 텔레비전에서 어른보다 뛰어난 상상력을 뽐낸 소년 발명가의 어머니도 이와 같은 말을 했다. '정리하지 않아도 되는 방'이 발상력을 키웠다고 한다. 소년 발명가는 다다미 10장 정도(약 5평) 되는 공간을 기지 삼아 만들고 허물고 만들고 허무는 과정을 반복하며 다양한 것을 깨우쳤다고 말했다.

뇌 성장을 위한 중요한 포인트는 '가상'과 '실행'을 교대로 반복하는 것이다. 어린이집이나 학교에 있을 때 그 공간을 떠올리며 집에 돌아가면 이렇게 해야지, 저렇게 해야지 궁리를 한 후 집에 돌아와서 실행한다. 이런 반복이 뇌에 영향을 끼쳐 눈부신 창의력을 낳는다.

아들은 서른이 다 된 지금도 여전하다. 고등학교 친구와 함께 닛코시 아시오 근처 숲에 땅을 사서 집을 짓고 있다. 도면을 그리고 자재를 조달하며 쉬는 날만 되면 서둘러 집을 나선다. 2층 침대에 우주 기지를 만들던 그때와 별반 다르지 않은 반짝이는 눈빛을 하고 숲으로 향한다.

남자의 뇌는 나이가 몇이든 상관없이 기지나 공방, 창고 혹은 바다나 산과 같은 '마음의 성지'를 가지면 창의력이 향상된다. 그것이 사업 기획력으로 이어지기도 한다. 그러니 남자 어른들의 바깥놀이도 관대하게 봐주자.

'남이 만지지 않고 계속 그 상태로 유지되는 공간'이 있다면 남자아이의 공간 인지력은 쑥 자라난다. 동시에 정서도 안정되고 집중력도 좋아진다. 특히 누나가 있는 집은, 남동생을 보살핀다는 생각에 누나가 장난감을 정리해주는 경우도 있지만(누나는 잘한다고 생각해서 한 일이지만) '이 안에 있는 장난감은 아무도 건들지 않는' 아들만의 성지를 마련해주자. 성지는 '네, 아니요'를 할 나이쯤, 가능하면 다다미 한 장(1.65㎡, 반 평) 크기로 만들어준다. 이게 힘들다면 다다미 반 장 크기라도 좋다. 분명 효과가 있을 것이다.

엄마에게 목숨을 통째로 맡긴다

가까이에 있는 것을 먼저 생각하는 여자아이는 좋아하는 인형이나 장난감을 주면 비교적 오랫동안 움직이지 않고 논다. 말을 걸거나 웃어 보이는 행동에도 반응해서 달래는 보람이 있다.

남자아이는 요란스럽게 움직이는 데다 멀리 있는 무언가에 정신이 팔려 있고 커뮤니케이션 감각이 부족하여 대화하기도 힘들다. 그래서인지 남자아이를 '덜렁이에 난폭하다'라고 표현하는 엄마도 많지만 이런 양상이 공간 인지력, 더 나아가 학습능력이나 창의력을 키우는 행동임을 알면 조금은 호의적으로 받아들이지 않을까 싶다. 게다가 이렇게 멀리 있는 것을 우선적으로 생각하는 뇌 덕분에 남자아이가 여자아이보다 엄마의 사랑을 바라는 정도가 훨씬 깊고 확실하다. 여하튼 남자아이들은 '먼 것'에만 집중하고 '가까운 것'은 온전히 엄마에게 의존한다. 다시 말해 목숨을 엄마에게 내맡기고 멀리 있는 장난감이나 자동차, 기차에 집중한다는 뜻이다.

여자아이는 일찍부터 엄마의 일거수일투족을 관찰하고 말을 할 나이부터 엄마를 평가하거나 비판하기도 한다. 이에 비해 남자아이는 사춘기가 될 때까지 일편단심 엄마다. 아들 가진 엄마들은 이 말을 실감할 것이다. 그래서 아들은 정말로 귀엽다. 유아기 아들은 순수한 사랑으로 가득 찬 꼬마 연인 같다. 그렇지 않은가?

엄마는 '원점'이다

아이가 어렸을 때 공원에서 있었던 일이다. 또

래 남자아이를 안고 있던 엄마가 말을 걸어왔다.

"아이가 잘 뛰어놀아서 좋겠어요. 우리 애는 저한테서 안 떨어져요"

사실 나는 조금 전부터 그 모자를 지켜보고 있었다. 엄마는 아이를 필사적으로 떼어내는데 아이는 조금도 떨어지려 하지 않고 바로 달려와 엄마에게 붙었다. 이유는 분명하다. 엄마가 쓸데없이 움직였기 때문이다. 엄마는 아이와 떨어져 있고 싶어서 손을 놓는 순간 쓰윽 뒤로 물러섰다. 얼굴 표정도 불안한 듯 흔들렸다. 나는 그 엄마에게 이렇게 조언했다.

"엄마는 움직이지 마세요. 아이에게 밝게 웃어주세요."

시간은 조금 걸렸지만 가만히 서있는 엄마에게서 아이는 조금씩 멀어져가며 뛰어놀기 시작했다.

남자아이는 엄마를 원점, 곧 기준점으로 생각하고 그곳을 기점으로 거리를 재고 세상을 넓혀간다. 기준점이 흔들리면 거리감도 흐트러져서 불안한 나머지 움직이지 않으려 한다.

공원에서 엄마의 손을 놓는 그 순간은 어린 뇌의 입장에서 세상으로 기운차게 나아가는 것과 같다. 인생 최초의 모험이라 할 수 있다. 커다란 모험은 엄마를 계속 돌아보고 엄마가 변함없이 그곳에 있는지 확인하면서 시작된다. 어린 남자의 뇌는 엄마와 거리를 재면서 세계를 넓혀간다. 뇌내 가상공간에 있는 좌표축을, 엄마를 기준점으로 삼고 만들어 나간다. 엄마는 바로 '원점'이다.

아이가 19세 때 불만 가득한 얼굴로 이렇게 말한 적이 있다.

"내가 관동 평야를 달릴 때 출장 가는 거, 안 하면 안 돼?"

아들이 오토바이를 타고 원정을 나갔던 날이다. 그날 아침, 잘 다녀오라고 배웅을 한 나는 삿포로로 출장을 갔다. 저녁에는 출장에서 돌아와 잘 다녀왔냐며 아들을 마중했다. 특별한 일도 없었는데 아들이 투덜대는 이유는 오후 3시에 내가 보낸 '지금 홋카이도 지토세 공항이야. 맛있는 해산물 도시락을 샀어. 기대하라고.'라는 문자 때문이었다. 아들의 말에 따르면 오토바이로 원정을 나갈 때면 집을 기준으로 거리를 측정한단다. 이때 좌표축이 바로 엄마와 반려묘라는 말씀. 집에서 뒹굴고 있는 둘을 생각하며 자기가 멀리 떠나왔다는 거리감을 확인한단다.

"그런데 갑자기 홋카이도라니?! 너무 놀라서 그 문자 확인하고선 바로 길도 잃고 볼 만했다니까."

"뭐? 네 머릿속에 좌표 원점이 있어?!"

내가 놀라자,

"새삼스럽기는. 엄마, 남자들 뇌 연구하는 거 아니었어?"

라는 답이 돌아왔다. 일격을 당하고 말았다.

엄마는 부드러운 표정을 하고 흔들림 없는 원점이 되어야 한다. 아무리 초조해도, 화가 나도, 의기소침해진다 해도, 일단 '다녀와'와 '다녀왔어'라는 인사만은 영원히 변하지 않을 것 같은 평온하게 웃는 얼굴로 해야 한다. 원점이 흔들리지 않으면 남자의 뇌는 강해진다. 안심하고 바깥세상과 맞설 수 있다. 호기심과 집중력으로 다양한 감성을 습득할 수 있다.

결혼한 남자들은 아내를 원점으로 살아가지만 시어머니가 마음의 원점이라는 사실은 변하지 않는다. 내가 살아있는 한 여기에 너만의 원점이 굳건히 존재한다는 것을 아들에게 알리고 싶다. 이것이 아들을 둔 엄마들의 마지막 의무가 아닐까.

응석 부리는 게 뭐가 나빠

응석을 받아주면 자립을 못한다고 말하는 사람이 많은데 정말일까?

원점인 엄마가 느긋하고 상냥한 존재여야 남자의 뇌는 안정감을 갖는다. 마음껏 응석을 부려야 주저 없이 모험의 길을 떠날 수 있다.

보호자에게서 벗어나 자신만의 영역을 찾아 나서려는 본능은 '멀리까지 의식을 확장해가는' 남자의 뇌에는 태어날 때부터 장착되어 있다. 여기에 사춘기 때부터 분비되는 남성 호르몬인 테스토스테론이 일으키는 투쟁심의 효과가 더해져 남자들은 거친 들판이나 바다를 뛰어넘어서 나아갈 수밖에 없다.

남자의 자립심이나 모험심은 본능이다. 엄격한 훈육을 통해 형성

되는 능력이 아니며 평온한 가정생활이나 사랑이 넘치는 모자관계에서 감퇴되는 것도 아니다. 반대로 응석을 받아주지 않고 몰아세우기만 하면 불안감만 조장해서 오히려 자립을 못할 가능성도 있다. 공원에서 어린 아들을 억지로 떼어내던 엄마와 같은 결과를 낳는다.

이후에 자세히 설명하겠지만 조금 덧붙이자면 부모가 실패를 두려워한 나머지 일일이 잔소리하고, 혼내고, 아이에게 손을 대고, 학원과 공부로 아이를 내몰면, 남자의 뇌는 망가지고 만다. 다시 말해 응석을 받아주는 것과 과보호는 전혀 다르다. 그래서 나는 이런 뇌과학적인 소견을 근거로 아들의 모든 응석을 받아주었다. 기본적으로 아이가 원하는 일에 안 된다는 말을 하지 않았다. 가령 실현 불가능한 일이라도 기분만은 맞춰주었다. 그래서인지 아들은 고등학생이 되어서도 양말을 신겨달라는 응석받이이긴 했다.

모유는 성에 찰 때까지

모유 수유는 나와 아이 둘 중 하나가 싫어할 때까지 하기로 마음먹었다. 아들이 만 4세를 두세 달 넘겼을 무렵 이런 말을 했다.

"엄마, 큰일 났어. 엄마 쭈쭈인 줄 알았는데 내 침이었지 뭐야."

아이의 말에 우리는 한바탕 웃었고 이를 계기로 나의 모유 수유는 끝났다. 이 얼마나 행복한 단유인가. 아이의 만 4세 생일이 지나도 모유가 계속 나오는 것을 확인하고서 아이가 빨면 모유가 계속 나오는구나 싶어 놀랐었다. 그런데 모유가 영원히 나오진 않는 모양이다.

모유 수유 기간에 관한 견해는 시대에 따라 달라졌다. 내가 출산했던 1990년대에는 돌까지 먹이는 것이 좋다고들 했다. 돌이 지나서도 모유를 먹으면 범죄자가 될 가능성이 높다는 근거 없는 견해 때문에 늦게까지 단유를 하지 않는 엄마는 범죄자 취급을 받기도 했다. 아이의 치열도 좋아지지 않는다고 했다.

모유 관련 책을 여러 권 읽은 나는 '모유는 엄마가 싫어하거나 아이가 질려 할 때 자연스럽게 멈추면 된다'는 결론을 내렸다. 당시에 같이 살던 시어머니도 이런 말씀을 하셨다.

"옛날부터 막내들은 모유를 오래 먹었어. 학교에서 돌아오면 책가방을 맨 채 엄마 젖을 빠는 아이도 있었다니까. 그런데 그런 아이일수록 성공하더구나."

그리하여 아들은 철이 들 때까지 젖을 빨았지만 치열은 고르다. 당연히 범죄자가 될 기미도 보이지 않는다.

엄마와 아이의 합에 따라 이상적인 모유 수유 기간은 천차만별일 것이다. 나처럼 4년 동안 모유 수유를 한 경우는 몹시 예외적이다. 그저 다른 사람들이 말하는 '이상적인 목표'에 현혹되지 말고 엄마와 아이만의 답을 찾아가길 바란다.

최근에는 오히려 모유 예찬론이 주류를 이룬다. 오랜 기간 이유식을 먹이지 않고 모유 수유만 했더니 아이가 영양실조에 걸렸다는 지인도 봤다. 물론 모유는 좋은 음식이지만 엄마의 식생활이나 아이의 소화력에 따라 모유의 영양가는 낮아질 수 있다. 영양분이 부족하면 당연히 성장은 더디다. 그 어느 기관보다도 많은 영양분을 필요로 하는 뇌 성장에도 영향을 끼친다. 피부 재생능력이 떨어져서 피부가 거칠어지면 아토피가 생기기도 한다. '수유는 몇 년 동안 해야 한다'처럼 숫자에 얽매이지 말고 아이의 상황을 고려하여 엄마가 결정하자.

아들이 집을 나가던 날

실컷 응석을 부리고 밀월처럼 사랑을 뿜어대던 19년의 세월이 흘러 아들은 쿨하게 집을 떠났다. 아들이 진학한 대학은 집에서 오토바이로 2시간 거리였다. 아들은 1학년 1학기까지 오토바이로 통학을 했다. 하지만 여름 내내 장마와 무더위에 시달린 끝에 자취집을 구하게 되었다. 돌아오는 주말에 이사를 하겠다고 말한 아들이 갑자기 "내일부터 자취방에서 지낼게."라고 말을 바꾸었다. 나는 뜻밖의 사태에 동요했고 현기증이 나서 의자에 털썩 주저앉고 말았다.

다음 날, 아들은 집을 나갔다. 아들은 그저 자취방에 머물다가 다시 집으로 돌아올 거라고 생각했겠지만 아들이 다시는 집으로 돌아오지 않을 것이라는 것을 알 수 있었다. 아들은 이제 취직을 해도 집에 돌아오지 않을 것이다. 머지않아 아내와 함께 새로운 가정을 일굴 것이다. 이는 다시 말해 부모와 함께했던 보금자리를 떠난다는 뜻이다. 두 번 다시는 나와 아들, 남편이라는 따끈한 세 칸 식빵 같은 생활은 돌아오지 않는다.

이는 30여 년 전, 내가 집을 나설 때와 같은 풍경이다. 도치키(栃木)가 본가였던 나는 나라(奈良)에 있는 대학에 진학하면서도 잠시 공부하러 가는 것이라고 가볍게 생각했다. 그러나 나중에 생각해보니 19세에 나선 여행길은 둥지를 떠나는 것이었다. 이후 본가로 돌아가 생활한 적도 없거니와 그곳은 더 이상 내 집이 아니었다. 당시 아버지는 그 사실을 미리 아셨는지 딸이 여행을 떠나기 전날 밤 조용히 〈석별의 노래〉를 불러주셨다.

하지만 나는 아직 아무런 준비도 못 했다며 마음속으로 끈질기게 아들을 붙들었다. 하루 이틀 시간은 흘렀지만 내 마음은 크게 달라지지 않았다. 아들은 "침낭이랑 수건, 비누만 있으면 사람은 다 살게 되어 있어."라고 웃어 보였다. 떠나는 날 아침, 아들은 정말 침낭으로 비누와 수건, 칫솔, 티셔츠와 바지를 돌돌 말아서 오토바이 뒤에 싣고 떠나버렸다.

그 다음 주말에 상황을 살피러 가보니 아들은 깨끗하게 잘 살고 있었다. 짐은 최소한만 갖추고 음식을 직접 해먹으며 완벽한 자취생활을 즐겼다. 더없이 깔끔한 둥지 탈출이었다.

나는, 어릴 때 어리광 부린 남자의 뇌는 모험의 길을 쉽게 나선다고 예측했다. 시험 삼아 그 가설대로 아이가 어리광을 마음껏 부릴 수 있게 받아주며 키웠다. 내 예측이 빗나가 성인이 된 후에도 아이가 독립을 하지 않는다면 그것도 그런대로 괜찮다고, 남몰래 그렇게 되길 바라던 아들 바보인 나였다. 결국 뇌과학적 견지가 옳았다.

2장

‘살아가는 힘’을 키우는 법

엄마들은 아이를 학원에 보내야 하지 않나 싶어
초조해 할지도 모르겠다. 그런 것을 즐겁게 할 수 있는
재능이 있다면 말리지 않겠지만 '좀 더 느긋하게 가는 방법이
내 아이에게 맞다'고 판단했다면 고민하지 말고
편안한 방법을 택하는 것이 좋다.

남자의 뇌는 엄마를 좌표축의 원점, 곧 기준점으로 삼고 자신의 세계관을 넓혀간다. 기준점인 엄마는 느긋하고 다정하게 거기에 서있기만 하면 된다.

앞에서도 말했지만 아이가 응석을 부리면 충분히 받아주자. 이렇게 말해도 조금은 엄하게 훈육해야 아들이 좀 더 늠름해질 것 같고 인내심을 가르쳐야 하지 않을까 하는 생각도 들 것이다. 분명 그렇다. 집에서 태평하게 지내다보면 세상도 그렇게 편안하다고 생각하게 된다. 그래서 불합리한 일을 만나면 쉽게 꺾이기도 한다. 나는 아들에게 엄하게 하는 대신 '모험 판타지'를 활용했다. 모험 판타지는 남자아이의 뇌에 '세상'과 '불합리'와 '인내'를 가르쳐주고 '사명감'

을 불러일으킨다.

아들의 응석을 받아주되 독립할 힘도 제대로 길러줘야 한다. 그래서 2장에서는 아들의 뇌에 '살아가는 힘'을 길러주는 법에 대해 말하고자 한다.

할지 말지는 엄마가 결정한다

본론으로 들어가기 전에 하나만 짚고 가자.

여기에서는 뇌 인지 구조에 기반한 뇌 성장 과정의 각 단계를 아들에게 직접 적용해서 성공한 내용을 소개한다. 하지만 나는 교육학 전문가가 아니므로 내가 제시하는 방법이 모든 뇌에 효과적이라고는 단정 지어 말하기는 어렵다. 내가 추천하는 방법은 꼭 시도하면 좋겠지만, 자신의 아들에게 적용할지 말지는 엄마가 심사숙고해서 결정하길 바란다. 합당하다고 생각되고 성과가 좋으면 그 방법을 계속 쓰면 된다.

아이의 뇌는 엄마의 뇌와 연동된다. 특히 만 3세까지는 엄마의 감정까지도 그대로 복사한 것처럼 행동한다. 엄마가 슬프면 아이도 슬프고, 엄마가 초조하면 아이도 불안하다. 엄마의 기분이 좋으면 아이도 기분이 좋다. 따라서 아이의 뇌에 필요한 것은 엄마가 정하면 된다. 엄마가 도저히 못 하겠다 싶다면 안 하면 된다.

여자에 비해 자아 확립이 늦는 남자의 뇌는, 13세쯤 남성 호르몬인 테스토스테론의 분비기에 돌입할 때까지는 엄마를 뇌의 좌표축의 원점으로 삼는다. 즉 변성기까지는 아들의 뇌와 엄마의 뇌는 일심동체라고 할 수 있다.

육아에 후회란 필요 없다

'사랑 가득한 말하기'는 시기가 중요하지 않다. 언제 해도 효과 만점이라 50살 먹은 아들의 마음도 움직이게 할 수 있다. 사랑이 담긴 말을 들으면 뇌는 지금까지 자기가 받아온 사랑을 주마등처럼 확인한다.

육아에는 사랑이 필요하다. 어린아이는 사랑 없이 자랄 수 없다. 이는 엄마인 당신이 제일 잘 아는 사실이기도 하다. 목숨을 걸고 아이를 낳고 그 너덜너덜해진 육신으로 잠도 잘 못 자고 아이에게 혈액(모유)을 공급했다. 신생아를 목을 가눌 수 있는 아기로 키우기까지의 과정도 만만하지 않다. 그러니 육아에 후회란 필요 없다.

이후 펼쳐질 내용을 '이런 걸 못 해줬구나.'라는 생각으로 읽지 말자. 책의 내용을 적용하기에 아들이 너무 커버렸다면 '이런 방법도 있구나.'라는 마음으로 편하게 넘기자.

만 8세까지 익혀야 할 능력은 따로 있다

'살아가는 힘'의 기초, 즉 온갖 능력(운동, 국어 실력, 자연계열 능력, 예술, 커뮤니케이션)과 창조력을 담당하는 소뇌의 기능은 만 8세에 완성된다. 만 8세는 '소뇌의 발달 임계기'라고 불린다. '발달 임계기'란 그때까지 기능이 대략적으로 갖추어져 이후 새로운 기능이 발달되기 힘들어지는 한계점이란 뜻이다.

소뇌는 공간 인지와 운동 제어를 주관하는, 잠재의식에 있는 기관이다. 가령 걷기는 소뇌의 지배를 받는 기능이다. 하반신의 많은 기관을 균형 있게 움직여서 지면의 경사나 마찰을 예상하고 그날 신은 신발이나 양말의 질도 감안하면서 경쾌하게 이족 보행을 하게 된다. 좁은 길을 걸을 때는 맞은편에서 사람이 와도 상대방의 보행 속도나 어깨 폭을 감지하고 걸음을 멈추지 않고도 거리낌 없이 어깨를 비틀어 스쳐지나간다. 이 과정을 '의식적인 사고'를 하는 대뇌가 처리한다면 다음과 같다.

'바닥의 경사는 거의 없고 마찰도는 중간 정도니까, 엄지손가락 관절을 20도쯤 회전시켜서 무릎을…….'

이런 식으로 하다간 중력 가속에 뇌가 처리하는 연산 속도가 따라가지 못해 넘어지거나 더 이상 걷지 못할 것이다. 소뇌가 담당하는 이족 보행은 늦어도 9세까지 완성해야 이후 다른 기능을 쉽게 익힐 수 있다.

말하기 또한 횡격막을 사용하여 폐 속에 있는 숨을 배출하며 성대를 울려서 후두 벽이나 혀, 입술을 기교적으로 움직여 말을 뱉어내는 행위로, 엄청난 운동능력을 요구한다. 게다가 상대방과의 거리에 따라 소리의 크기도 조절해야 한다. 말하는 행위도 공간 인지와 운동 제어를 구사하는 매우 소뇌다운 '출력' 중 하나이다. 그래서 9세는 뇌의 언어 기능 완성의 임계기로 인생 최초로 익히는 언어로서의 모국어 발음을 충분히 보고 듣고 스스로 해보고 언어 기능을 갖추어 나가야 한다.

소뇌가 점점 발달하는 유아기에는 생각보다 모국어 체험이 중요하다. 모국어는 자연스럽게 익히게 된다고 생각하기 쉽지만 엄마가 틈만 나면 스마트폰에 집중하는 요즈음에는 마음먹고 대화를 시도하지 않으면 모국어 체험의 기회를 잡기 힘들다. 외국어 교육에 열을 올리기 전에 정서가 풍부한 모국어로 아이와 충분히 대화를 나누자. 그림책을 읽어주는 것도 언어 기능 발달에 좋다.

엄마의 목소리, 언어 기능을 발달시킨다

나는 아들이 태어난 날부터 아들에게 끊임없

이 말을 걸었다.

"비가 내리나봐. 바람이 달라졌네."

"배고프다. 국수라도 끓여 먹을까?"

마치 맞은편에 무뚝뚝한 애인이 있기라도 한 것처럼 계속해서 조잘거렸다.

언어 기능의 발달에 효과가 크다고 판단했기에 수유 중에는 일부러 더 많이 말을 걸었다. 갓난아기는 눈앞에 있는 사람의 표정 근육을 그대로 흡수하여 신경계로 옮기는 능력이 뛰어나다. 이 능력을 이용해 말을 소리보다 발음 동작으로 먼저 인지하고 말하기 시작하는 것이다. 갓난아기 스스로 구각근(입 꼬리 근처의 근육)을 거침없이 움직이는 수유 중에 엄마가 말하는 행위는 엄마의 발음 동작을 복사하기 쉽게 하여 자연스럽게 발화로 이어진다.

나는 모국어 발음의 기초가 완성되는 만 2세까지 모국어의 '아름다운 나열'을 충분히 경험시켜주고 싶었다. 그래서 생각해낸 것이 초등학교 음악 교과서에 실린 노래를 불러주는 것이었다. 노래 가사는 갓난아기에게 건네는 일상어에는 없는 음두의 조합으로 넘쳐나고, 가사에서 그리는 풍경도 아름다웠다. 그래서 수유를 할 때 제일 처음에는 아이에게 사랑 고백을 하고 이어서 노래를 불러주었다. 물론 아이에게 건네는 대화의 주제는 엄마가 좋아하는 내용이면 된다.

운동과 예술, 이른 경험이 중요하다

운동 제어를 담당하는 소뇌의 기본 기능은 9세에 완성된다. 그래서 운동 능력을 구사하는 체육이나 악기를 다루는 음악은 9세 전에 시작하는 것이 좋다고 한다.

과거 화류계에서는 무용과 전통악기 같은 교육을 만 6세가 되는 해 6월 6일에 시작하는 풍습이 있었다고 한다. 이는 뇌과학적 입장에서 일리가 있다. 뛰어난 프로 운동선수들의 경우 만 6세가 되기 전에 운동을 시작한 경우가 압도적으로 많다. 이런 운동 능력은 야산을 뛰어다니며 노는 것으로도 충분히 기를 수 있다. 체육이란 자유놀이로 대신해도 충분하고, 자유놀이에 익숙해진 몸은 앞으로 운동을 즐길 수 있게 된다.

악기는 만 7세까지 어떤 것으로든 경험하게 하면 된다. 초등학교에도 음악 시간이 있으니 너무 깊이 생각하진 말자. 너무 진지하게 접근하면 음악을 즐기고 싶은 마음이 사라지고 가지도 있던 재능마저 사라질 수 있다.

소뇌 기능을 발달시키는 자유놀이

소뇌는 예체능뿐만 아니라 자연계열 기능의 원천이기도 하다. 자연계열에서 필요한 감각은 공간 인지에서 시작한다. 거리나 위치를 알고 구조나 수를 이해한 후 뇌에 가상공간을 만들고 논다. 이런 일련의 '개념 나열'을 지탱하는 힘이 소뇌의 공간 인지 능력이다.

이과 학생은 머리만 차고 운동 신경이 둔하다고 생각하는 경향이 있는데 의외로 그렇지 않다. 내가 학창시절부터 좋아했던 댄스스포츠 세계에서는 과거부터 자연계나 의학 전공자였던 선수들의 활약이 눈에 띄었다. 너무도 좋아하는 볼룸댄스 전 일본 챔피언인 다니도 세이지 선수도 자연계 출신이다. 이런 경우는 너무나 많아 일일이 예로 들 필요가 없을 정도다.

초등학교 저학년 때의 운동 실력이 이후 수리나 과학 영역의 성적과 비례한다는 보고도 있다. 예전에 쓰쿠바 대학교 부속 고마바 고등학교 선생님과 만난 적이 있었다. 이 학교는 도쿄 대학교 합격생을 많이 배출한 곳으로 유명하다. 그때 선생님은 도쿄대 합격자의 공통점으로, 일찍 자고 일찍 일어나고 아침밥을 먹는다는 것과 운동 능력을 손꼽았다. 눈에 띄게 민첩하다거나 힘이 세다는 말이 아니라 매트 운동이든 구기 종목이든 좋아하는 운동을 즐기는 마음과 균형

잡힌 운동 능력이 중요하다고 했다.

자연계열 감각과 신체를 움직이는 기능은 모두 소뇌를 사용한다. 예전부터 막연히 연구를 잘하는 사람은 신체 균형도 좋다고 생각했는데, 역시 깊은 관련이 있었다. 아인슈타인도 바이올린과 피아노를 각별히 좋아했고 연주도 했다. 주변에는 논문을 쓸 때 바흐의 음악을 듣는다는 수학자들도 있다.

다시 말해 만 8세까지의 소뇌 발달은 운동능력, 예술능력, 그리고 학술능력에도 중요한 영향을 끼친다. 소뇌는 언어능력에도 관여하기에 국어 실력과 커뮤니케이션 능력에도 기여한다. 이는 인간의 모든 기능을 뜻한다고 할 수 있다.

소뇌 발달의 결정타 중 하나는 야산을 뛰어다니며 하는 바깥놀이다. 도시에 사는 아이라면 정글짐이나 미끄럼틀처럼 높고 낮음을 경험할 수 있는 공간에서 자유놀이를 하면 좋다. 놀이는 유아기 최고의 영재 교육이다. 그중에서도 나이 차이가 있는 아이와의 자유놀이, 풀어서 말하자면 운동능력이 다른 신체를 보고 접촉하는 행동은 특히 소뇌를 자극하며 발달시킨다.

내 아이도 외동이라 '소뇌 발달'을 위해 아이를 어린이집에 빨리 보내기도 했다. 그런 의도는 감사하게도 적중했다. 엄마 품에서 극진한 보살핌을 받는 것은 무엇보다 행복한 일이지만 아들 하나를 키우는 집이라면 나이가 많거나 어린 아이들을 만나 놀 수 있는 기회를 꼭 만들어주자.

아이는 일하는 엄마의 고통을 이해한다

어린이집에 보내는 것을 '소뇌 영재 교육'이라고 생각하는 내 지론은 손자를 어린이집에 보내는 것을 불쌍하다며 거부하던 할머니들을 설득하는 좋은 재료로 사용되었다. 만약 어린 아이를 남의 손에 맡기는 것에 심리적 거부감이 있어서 취직이나 복직을 미루는 분이 이 글을 읽는다면 참고하길 바란다.

아이 곁에 있고 싶다, 아이 곁에 있어야 하는 건 아닐까. 이런 생각들은 항상 일하는 엄마를 괴롭힌다. 이는 시대를 막론하고 일하는 엄마의 마음 한 켠에 자리한 지워지지 않는 고통이다. 아이가 15세 때 마음 깊은 곳에 있던 그런 복잡한 감정이 뒤섞여 울음을 터트린 적이 있었다.

"엄마가 좀 더 네 곁에 있었으면 좋았을 텐데."

아들은 이렇게 말하는 나를 안아주며 말했다.

"그렇지. 어렸을 때 엄마가 빨리 돌아오길 기다렸어. 그런데 나는 다시 태어나도 '일하는 엄마'가 좋아. 바깥 공기를 가져다주잖아. 무엇보다 열심히 일하는 모습이 예뻐."

아들이 해준 이 말을 나와 같은 고민을 하는 모든 엄마들에게 선사한다. 가야 할 길이 있다면, 묵묵히 그 길을 가자. 아이와 놀 시간이 많지 않아도 의식을 집중하면 놀이의 밀도를 높일 수 있다. 아이

들은 어릴 때부터 놀라울 정도로 엄마의 아픔을 이해하고 기분을 맞춰준다. 실제로 내 아이는 최고의 지원자였다. 내 인생에 얼마나 많은 조언을 해주었는지 모른다. 아들은 13세 때, 나에게 돈에 대한 프로 의식이 부족하다고 혼내며 사업의 진수도 가르쳐주었다. 나는 어린 아들에게 참 많은 것을 상의하고 위로받았다.

얼마나 멍 때렸냐에 따라 승부가 난다

앞에서 바깥 놀이의 중요성을 이야기했다. 그렇다면 집에서 하는 미니카 놀이나 블록 놀이는 쓸모가 없을까? 물론 그렇지 않다. '실내 놀이' 또한 공간 인지력을 향상시키는 데 중요하다. 구조의 세계를 인식하는 과정에 꼭 필요한 소중한 소뇌 단련 시간이다.

이런 놀이들보다 더 중요한 행동은 바로 '멍 때리기'다. 바깥 놀이나 실내 놀이로 자극받은 뇌는 그 입력 값, 곧 경험치를 씹어서 소화하고 제 감각으로 바꾸는 과정이 필요하다. 이는 내재된 세계관을 구축하고 새로운 발견이나 발상력을 향상시키기 위해서이다.

뇌내를 정리하는 시간에는 바깥세상과 잠시 차단시킨다. 이것이 잠의 실체이다. 잠은 몸을 쉬게 하는 동시에 뇌가 진화하는 시간이다. 감각을 되살리고 기억을 정착시킨다. 수험생을 둔 엄마가 유념해야 할 부분은 '어떻게 공부시킬까'가 아니라 '짧은 시간 내에 얼마나 효율적으로 잠을 재울까'이다. 그리고 뇌가 필요성을 느낀다면 깨어 있는 동안에도 바깥세상과 뇌를 차단하고 진화시키는 모드로 전환하기도 한다. 이런 일련의 과정이 옆에서 보면 멍 때리는 것으로 보인다.

남자아이에게는 소뇌의 성장이 눈부시게 일어나는 만 8세까지 이런 멍 때리는 시간이 자주 찾아온다. 뇌가 잠들기를 기다리지 못하는 것이다. 향후 자연계나 예술영역에서 재능을 보이는 여자아이에게도 이런 현상이 자주 나타난다.

또한 남자들은 어른이 되어서도 이런 멍 때리는 시간이 필요하다. 텔레비전을 보면서 멍 때리는 남편은 뇌가 성장 중일 가능성이 높다. 나이가 몇이든 남자의 멍 때리기는 뇌가 필요로 하는 시간이다. 그러니 그냥 내버려두자.

설령 이런 사실을 아는 엄마라 해도 남자아이를 키우다보면 그 멍 때리는 모습에 정말 놀랄 때가 많다. 책가방에서 필통을 꺼내다가도 그대로 '얼음' 상태가 된다. 똑똑한 여동생이 있는 집에서는 상대적으로 아들이 더욱 멍청하게 보일 수 있다.

어린이집 선생님들도 입을 모아 같은 말을 한다. 산책 가자고 말을 꺼내면 여자아이는 3세라도 서둘러 모자를 쓰고 나갈 채비를 한다. 남자아이는 7세가 되어도 운동화를 한쪽에 든 채 멍하니 있는 아이가 꼭 하나쯤은 있다. 그 얼음처럼 멈춘 시간이 분명 그들의 뇌를 활성화시키고 내재된 세계관을 충실하게 만들 것이다. 그러니 남자들의 멍 때리는 시간을 존중해주자.

아들이 초등학교 1학년 때 학교에서 돌아와서는 함박웃음을 지으며 이런 이야기를 했다.

"엄마, 오늘 이상한 일이 있었어. 학교에 도착하니까 2교시 수업 중인 거야."

그날 아침 아들은 평소처럼 집을 나섰다. 걸어서 몇 분 거리인 학교를 도대체 어떻게 하면 2교시에 도착할 수 있을까. 아니면, 바깥세상에서 일어난 일과 무관하게 그의 내부에서 자체적으로 무언가가 포화 상태가 되어 세계관이 바뀐 것인지도 모른다. 바깥에서 오는 자극이든 안에서 일어나는 변화든, 그 여린 뇌에서 일어나는 일을 생각하면 가슴이 벅차오른다. 1교시를 넘겨버린 아들의 엄청난 집중력이 사랑스럽다. 어른들은 결코 하기 힘든 일이다.

바깥 놀이에 실내 놀이, 그리고 자주 찾아오는 '멍'을 내버려두는 것. 아들의 뇌를 훌륭한 남자의 뇌로 길러내려면 이런 시간을 충분히 줘야 한다. 이렇게 보면 하루가 빠듯하다. 옆에서 보면 놀이에 흠뻑 빠져서 정리 하나 안 된 상태이지만 머릿속은 바삐 돌아간다는 뜻이다.

무엇이든 서툰 우리 모자는 공부나 학원에 할애할 시간이 없었다. 아들은 오로지 정글짐과 그의 '공방'과 거실에서 멍 때리기 시간을 보냈다. 그래도 평범하게 학업을 잘 마쳤다.

그래도 엄마들은 아이를 학원에 보내야 하지 않나 싶어 초조해할지도 모르겠다. 그런 것을 즐겁게 할 수 있는 재능이 있다면 말리지 않겠지만 '좀 더 느긋하게 가는 방법이 내 아이에게 맞다'고 판단했다면 고민하지 말고 편안한 방법을 택하는 것이 좋다.

앞에서도 말했지만 어린아이에게 무엇을 시킬 것인가는 엄마의 몫이다. 엄마가 느끼는 대로 하면 절대 문제는 생기지 않는다.

엄마의 동경 의식이 아들을 히어로로 만든다

아들에게 운동을 시키고 싶던 차에 축구 감독과 동석할 기회가 있었다. 그에게 아이에게 맞는 운동을 추천해달라고 하자, 그는 나에게 과거에 어떤 운동을 했었는지 되물었다. 남자아이의 운동능력은 거의 100% 엄마에게서 온다면서 말이다. 그는 매년 신인 선수 가족과 식사자리를 가지는데, 대부분의 어머니들이 과거에 운동 분야에서 두각을 보였다고 했다. 예를 들어, 발이 빠른 선수의 어머니는 고등학교 체육대회 육상경기에서 입상한 경력이 있었다는 식이다.

나로 말할 것 같으면, 달리기는 느리고, 높이뛰기를 뛰면 지면에 가깝고, 라켓을 휘두르면 공이 빗겨간다. 운동에는 전혀 소질이 없다는 말이다. 덧붙여 말하자면, 음치이기도 하다. 또 물고기 그림을 그리고 나서 "숲 속 동물이니? 힌트 좀 줘."라는 말을 들을 정도로 미술에도 젬병이다. 그날 밤, 내가 아들에게 물려줄 '소뇌 재능'이 자연계열 감각밖에 없다며 참 많이도 한탄했다.

그때 나는 만 8세까지 소뇌가 완성된다는 것은, 그 나이까지 압도적으로 영향을 끼치는 엄마의 감각을 물려주는 일이라는 것을 깨달았다. 엄마의 기분을 좋게 만드는 일은 분명 아들의 뇌도 기분 좋게 만든다. 엄마가 야구를 좋아하면 아들 또한 '야구 소년'으로 자라게 된다. 큰 함성이 쏟아지는 야구 경기장에서도 잘 수 있는 나에게 야구선수가 될 아이가 태어날 리 없다.

그러니 엄마는 어린 아들에게 물려줄 능력을 자신의 기분 상태를 보고 판단하면 된다. 본인이 동경하거나 고심 끝에 나온 결과를 자연스럽게 아들에게 떠밀면 된다. 나는 프로 운동선수나 바이올리니스트보다는 '자신의 언어로 우주를 이야기하는 남자'를 동경했다.

엄마는 뱃속 태아를 열 달 가까이 품는다. 인생에서 가장 처음이자 가장 중요한 시간에 곁에 있는 엄마의 말과 행동이 남자의 뇌에 잠재하는 세계관의 초석을 만든다. 간혹 생각이 틀릴 수는 있겠지만 엄마가 '느끼는 감정'은 틀릴 수가 없다. 남편의 의견은 참고해도 좋다. 하지만 완곡하게 말하자면 다른 엄마들의 조언에 굴하여 마음에 내키지도 않는 학원에 보낼 필요는 없다.

남자의 엄마란 무겁고도 빛난다. 아들을 키우는 일은 어떤 AI를 만드는 일보다 흥미롭고 목숨을 걸어도 좋을 유일한 사명이다.

힘들이지 않고 인내심을 기르는 방법

앞에서 아이의 어리광을 받아줄 것을 권했다. 하지만 엄마의 느낌대로만 아들을 키우면 불안하지 않을까? 강인한 인내심은 언제 가르쳐야 하나? 엄하게 훈육하지 않으면 세상물정도 모르고 자라는 것은 아닐까? 이런 의문이 들 것이다.

그렇다. 분명 신경 써야 한다. 인생에는 암흑, 곧 어두운 면도 있다는 것을 알아야 한다. 그래서 나는 아들에게 다양한 '모험 판타지'가 담긴 책, 영화, 게임을 던져줬다.

'스토리텔링'은 행복한 육아를 위한 필수 조건이다. '이야기'는 힘들이지 않고 뇌의 인내력을 길러주고 사명감을 유발하는 감사한 아이템이다. 그래서 '응석 받아주기'는 독서와 세트라고 할 수 있다. 특히 남자아이는 10~13세에 반드시 모험 판타지를 경험해야 한다. 이야기에서는 대부분의 주인공이 잔혹한 운명 때문에 위험에 처하고 많은 실패를 경험한다. 싸움에 지거나 낙오해도 포기하지 않고 다시 일어나 적에게 복수하고, 세상을 구하고, 사랑과 신뢰, 명예를 얻는다. 여러 종류의 모험 판타지를 접하고 나면 세상의 험난함을 제대로 깨닫게 된다. 사명감이나 인내의 경이로움도 깨우친다. 물론 책이외에도 영화나 드라마, 게임에도 모험 판타지가 가득하니 어떤 종류로든 한 번쯤은 즐겨보면 좋다.

문자 정보를 이미지로 전환시키는 독서는 뇌를 두루두루 자극하며 성장시킨다. 그래서 독서를 기본으로 하고 점차 영상으로 확장하는 방식을 추천한다. 바둑이나 장기는 추상적이지만 뇌에는 모험 판타지와 같은 역할을 한다. 그러니 바둑에 집중하는 아이에게는 억지로 독서를 시키지 않아도 된다. 물론 어느 정도는 책과 함께하는 것이 필요하다. 반상을 좌우하는 전략 능력을 향상시키는 데 큰 도움이 된다.

만 9~12세는 뇌가 신경섬유 네트워크를 비약적으로 늘리는 시기로, '뇌의 황금기'라고 불린다. 뇌내 신경섬유 네트워크는 머리가 좋고, 운동 신경이 좋고, 예술, 커뮤니케이션, 전략 능력 등 모든 기능이 좋은 상태가 되는 근원이다. 신경섬유 네트워크는 자는 동안 깨어 있을 때 겪은 경험을 기반으로 만들어진다. 따라서 이 시기에 가장 중요한 것은 체험과 수면이다. 일상생활에서 체험이란 천편일률적이라 한계가 있다. 평범한 초등학생이 죽음의 계곡을 건너거나 해적에게 습격당하거나 요정 여왕을 만나거나 드래곤에 올라탈 일은 없다. 그러나 판타지의 문을 열면 모든 불행과 좌절, 그것을 극복할 지혜와 용기가 넘쳐난다.

다시 말해 독서는 '뇌에 체험을 전달하는 행위'이다. 책을 읽는 아이의 뇌에 입력되는 내용은 책을 읽지 않는 아이에 비해 몇 배나 많다. 책을 좋아하는 아이로 키우는 일은 뇌 성장에 가장 중요한 정석이다. 판타지 장르를 별로 좋아하지 않는 아이라면 역사물이라도 좋다. 주인공이 현실과 다른 세상에서 모든 좌절에 맞서 싸우는 이야기를 남자아이의 뇌에 많이 전해주자.

공부보다 숙면이 우선이다

뇌가 발달할 때는 수면을 원한다. 아이들은 원래부터 많이 자고 싶어 하고, 아이 뇌에서 어른 뇌로 바뀌는 변화기인 14~16세에는 늘 졸린다. 졸릴 때는 재우자. 그것이 뇌가 바라는 일이다.

아들의 만 9~12세 시절, 뇌의 황금기라서 독서와 수면을 우선순위에 두었다. 그래서 중학교 입시 공부는 크게 고려하지 않았다. 덧붙여 말하면, 소뇌 발달기인 만 8세까지는 놀이와 멍 때리기를 충분히 허용하여 초등학교 대비 학습도 신경 쓰지 않았다. 당연히 중학교 때도 정말 많이 재웠다.

적정 수면 시간은 개인차가 크다. 초등학생이라도 7시간만 자도 되는 아이가 있고, 어른이라도 8시간 이상 자야 하는 사람이 있다. 뇌가 원하는 적정 수면 시간은 스스로 알아낼 수밖에 없다. 잠을 자지 않고 공부해도 공부한 내용이 머릿속에 잘 들어가는 사람이 있다. 이렇게 잠을 자지 않고 공부할 수 있다면, 두뇌는 잠을 안 자는 상태에 강하다고 해석할 수 있다. 그러니 입시 공부를 시켰다고 해서 실패한 것은 아니다. 단지 중학교 남학생의 성적과 키 성장을 고민 중이라면, 수면이 부족한지 여부를 확인할 필요가 있다.

주의해야 할 점은 밤 10시 이후 스마트폰 사용과 자기 전 단 음식

섭취이다. 스마트폰 화면은 눈에 강한 자극을 줘서 화면을 끄고 나서도 한동안 시각 신경이 긴장 상태를 유지한다. 그래서 잠들기 힘든 상황을 만들어버린다. 목욕하고 나서 아이스크림을 먹으면 혈당치가 올라가서 뇌를 흥분시켜 잠들기 어렵게 만든다. 아침에 좀비 상태가 되는 사람은 이 두 가지 생활습관을 개선해야 한다.

공부도 안 하고 저녁부터 잠드는 십대 아이를 보고 있자면 화가 치밀어오를 수 있다. 하지만 그 시간에 아이의 뇌가 성장한다고 생각하면, 조금은 화가 누그러지지 않을까.

책을 좋아하는 아들로 키우는 법

만 9세 아들에게 판타지 책을 읽히고 싶다면 그 전에 책을 좋아하는 아이로 만들어야 한다. 책을 싫어하는 아이에게 억지로 책을 읽혀봤자, 글이 눈에 들어오지 않고 내용도 머릿속에 입력되지 않는다. 독서의 의미가 없는 것이다.

책을 좋아하게 되는 길은 안타깝게도 하루아침에 이루어지지 않는다. 갓난아기 때부터 시작하되 가장 먼저 그림책과 만나게 해야 한다. 책을 읽는 행위는 상당히 귀찮고 지루하다. 책장을 넘기고, 글자를 읽고, 문자 기호를 의미로 전환하고 소화한 다음에 이미지로 만든다. 몸과 머리가 상당한 스트레스를 받는 작업이다. 독서를 좋아하는 사람이라도 읽기 전에 겁이 나거나 경우에 따라선 고통스럽기도 하지만 본능적으로 책은 재미있다고 생각하고 계속 읽게 된다.

그래서 이른 시기에 '책 읽기는 재미있다'라고 뇌에 각인시키는 작업이 중요하다. 이런 각인 과정은 바로 그림책에 의해 이루어진다. 그림책을 넘기면 생각지도 못한 세상이 펼쳐지고, 그것은 잠재의식에 저장된다.

갓난아기에게는 그림이 비교적 단순하고 방긋방긋, 첨벙첨벙, 꽉 같은 밝고 짧은 의성어나 의태어가 들어간 그림책이 좋다. 엄마와 아이가 함께 책장을 넘기며 즐거워하고 재밌는 단어를 여러 번 읽고 웃어보자. 이렇게 시작한 독서를 서서히 스토리가 있는 이야기책으로 옮겨보자.

소리 내어 읽으면 책 읽기가 즐겁다

'말의 감성'인 어감은 발음의 체감이 만들어낸다.

'꽉'이라고 말할 때 첫소리를 발음하면 목이 '꽉' 하고 닫힌다. 부드러운 후두부 벽이 조이듯 서로 달라붙는 느낌이 소뇌에 전달된다. 소뇌는 운동 감각을 이미지로 바꾸는 장소다. 즉 '꽉'이라고 발음하면 '조이는 느낌'이나 '끌어안기는 감각'이 뇌에 만들어진다. 예를 들어, 어미닭이 병아리를 안아주는 그림에 '꽉'이라는 글자가 적혀 있다고 하자. 아이가 '꽉'이라고 발음하면 누군가가 안아주는 느낌을 받는다. 그림책의 표현에 현실감이 더해진다. 이것이야말로 책읽기의 참맛이며 시작점이다.

덧붙여 말하면, 갓난아기 때는 눈앞에 있는 사람의 얼굴 근육을 보고 자신이 발음한 것처럼 신경계로 체득하는 능력이 최대치에 이른다. 그래서 엄마가 '꽉'이라고 발음하면 아기는 실제로 엄마에게 안긴 것처럼 느낀다. 이런 이유로 유아기에는 자신이 발음할 때보다 엄마가 발음할 때 훨씬 사실적으로 느낀다. 그림책을 읽어주는 행위는 어른이 상상하는 것보다 몇백 배나 아이들의 뇌를 자극하는 엔터테인먼트다. 책을 좋아하게 만드는 원점인 동시에 커뮤니케이션의 기초 능력에도 영향을 끼친다. 부디 엄마와 아들이 함께 그림책을 많이 즐기길 바란다.

만 8세까지는 책을 읽어주자

언어 기능 완성기인 만 8세가 지나면 문자를

보는 동시에 발음 체감으로 완전히 전환할 수 있다. 읽어주지 않아도, 소리 내어 읽지 않아도 문자를 통해 직접 '리얼하게' 의미를 만들어내는 능력이 완성된다는 뜻이다.

반대로 말하면, 만 8세 전까지는 독서에 리얼함이 부족하다. 그래서 초등학교 저학년 국어시간에는 읽기를 필수로 시킨다. 이는 뇌과학적으로 상당히 중요한 커리큘럼이다. 이런 이유로 스스로 읽어낼 수 있을 때까지는 부모가 읽어주기를 권한다. 만 8세 전후가 되면 자연스럽게 아이는 읽어주는 것을 지겨워한다. 이것이 '독서 리얼 능력'이 완성되었다는 증거이기도 하다.

소년원에서 그림책 읽어주기 봉사를 하는 친구가 있다. 국어를 전공한 그녀는 어느 날 소년원에서 '화법 교실'을 열어달라는 요청을 받았다. 충동적으로 범죄에 휘말린 소년들은 대체로 대화 능력이 낮았다. 자신의 상태를 말로 표현하지 못하고 다른 사람의 생각을 예상하지 못했다. 기분을 말로 표현할 수 없으면 폭력에 의지하게 된다. 그래서 사회로 복귀하기 전에 대화 능력을 향상시키기 위한 취지로 그녀가 초빙된 것이다.

그러나 소년들은 그녀의 말에 무반응 일색이라 수업을 제대로 진행할 수가 없었다. 일반적인 방법으로는 어렵겠다고 판단한 그녀는 문득 "엄마가 책을 읽어주신 적이 있나요?"라고 물었다. 모두가 고개를 저었다. 그중에는 허세를 부리는 아이도 있었겠지만 대부분이 당혹스러워하는 눈빛이었고 그런 반응은 진심인 것 같았다. 그렇게

그림책 읽어주기 수업이 시작되었다. 소년들은 처음으로 누군가가 읽어주는 그림책에 마음을 움직였다. 범죄자라 불리고, 어른들도 무서워할 만큼 몸집이 큰 남자아이가 《100만 번 산 고양이》(사노 요코 저)를 듣고 눈물을 흘렸다. 그림책은 나이와 상관없이 뇌를 자극할 수 있는 좋은 도구임에 틀림없다. 삶이 너무 우울하고 도망갈 곳이 없다고 느껴진다면 비록 어른이지만 그림책을 펼쳐보는 것도 좋은 방법이다.

책을 좋아하는 척 연기하라

반항기에 들어선 아들을 옆에 끼고 앉아 그림책을 읽어주는 일은 난이도 최상에 해당한다. 만약 내 아들이 만 8세가 지났고 '책을 읽지 않는 아이'라면 이 뒤늦은 상황을 되돌릴 방법은 단 하나밖에 없다. 부모님이 책을 즐겁게 읽는 모습을 보여주는 것이다. 억지로 들이대지 말고 굉장히 자연스럽게 행동해야 한다.

아이가 눈에 띄는 장소에서 부모님은 휴식을 즐기며 책을 읽는다. 베갯머리나 거실에 책 몇 권을 쌓아둔다. 이때 책들 사이에 판타지 소설을 섞어놓는다. 조금 시간이 지나고 나면 맛있는 음식을 권하듯 그 책을 보여준다. "엄청 맛있거든. 조금만 먹어볼래?"처럼 "굉장히 재미있는데 조금 읽어볼래?"라고 자연스럽게 책을 권한다.

엄청난 인기를 자랑하는 《해리포터》 시리즈는 백팔백중이다. 우리집 아들의 추천작은 조나단 스트라우드의 《바티미어스》 시리즈다. 어른도 빠져들 정도로 재미있다.

"우리 아이는 책을 안 읽어요."라고 토로하는 집에는 아마도 책이 적고 부모님이 아이 앞에서 책을 잘 안 읽을 것이다. 음악가 집안 아이가 자연스럽게 악기를 만나고 음악을 사랑하듯이 책을 좋아하는 것 또한 자연스럽게 책을 접하는 가정에서 시작한다. 그래서 나는 전자책 보급에 회의적이다. 전자 단말기가 발달한 현대 사회에서 성인이 그 기기로 책을 읽는 것을 부정하진 않는다. 그러나 아이들이 자연스럽게 책을 만나려면 책이라는 실물이 필요하다. 종이를 만지는 감촉도 어린아이의 뇌를 자극한다. 종이책은 절대 없어져서는 안 된다.

책은 뇌를 자극하는 최고로 좋은 인테리어다. 책을 늦게 접하는 아이를 위해 부모가 책을 좋아하는 척 연기하는 배우가 되어야 하는 이유는 충분하다. 시험해보자.

육아를 졸업하는 날
깨달은 시간의 소중함

아들의 만 15세 생일날, 나는 아들에게 선언했다.

"네 뇌는 이제 어른형 뇌로 바뀌었어. 이제 내 육아는 끝났어. 이제부터 우리 친구 하자."

엄마가 그동안 해준 것 중에 무엇이 제일 좋았냐고 물었다. 어차피 대답 없이 흐지부지 지나가겠거니 했는데 아들은 질문이 끝나기도 전에 '책을 읽어준 것'이라고 딱 잘라 말했다.

"책?"

토끼 눈을 한 나에게 아들은 이렇게 말했다.

"맞아. 책 엄청 읽어줬잖아. 《51번째 산타클로스》 같은 책 말이야."

그 옛날 자주 읽어주었던 그림책 제목이 나오자 나도 모르게 얼굴이 환해졌다. 이불 속에서 아들과 딱 붙어서 그림책을 읽어주던 나날들이 생생히 되살아났다. 나는 가슴이 벅차올라 바로 "있잖아, 오랜만에 그림책 읽어줄까?" 하고 들이댔지만 아들은 "아니, 싫어." 라고 무표정하게 대답했다.

그럼 그렇지. 이제 사춘기란 말씀. 아들을 원망하진 않는다.

이때 비로소 육아가 정말 끝나고 말았음을 실감했다. 우리집에는 더 이상 그림책을 읽어줄 아이가 없는 것이다. 사실 벌써 8년 전쯤부터 그랬지만, 새삼스레 그 사실이 나를 강타했다. 눈물이 났다. 그러자 아들이 내 눈치를 보며 슬며시 말했다.

"그렇게 읽어주고 싶으면 같이 볼까?"

나는 아들이 내미는 손을 뿌리치고 엉엉 울음을 터뜨렸다. 조금만 더 함께 있었으면 좋았을 텐데. 조금만 더 그림책을 읽어줬으면 좋았을 텐데. 조금만 더.

어린 아들을 키울 때는 이런 일상이 영원히 계속되리라 믿었다. 지나고 나면 인생은 한순간, 참 짧은 시간이다. 아이와 딱 붙어서 아이에게 책을 읽어주는 시간을 부디 소중히 간직하길 바란다.

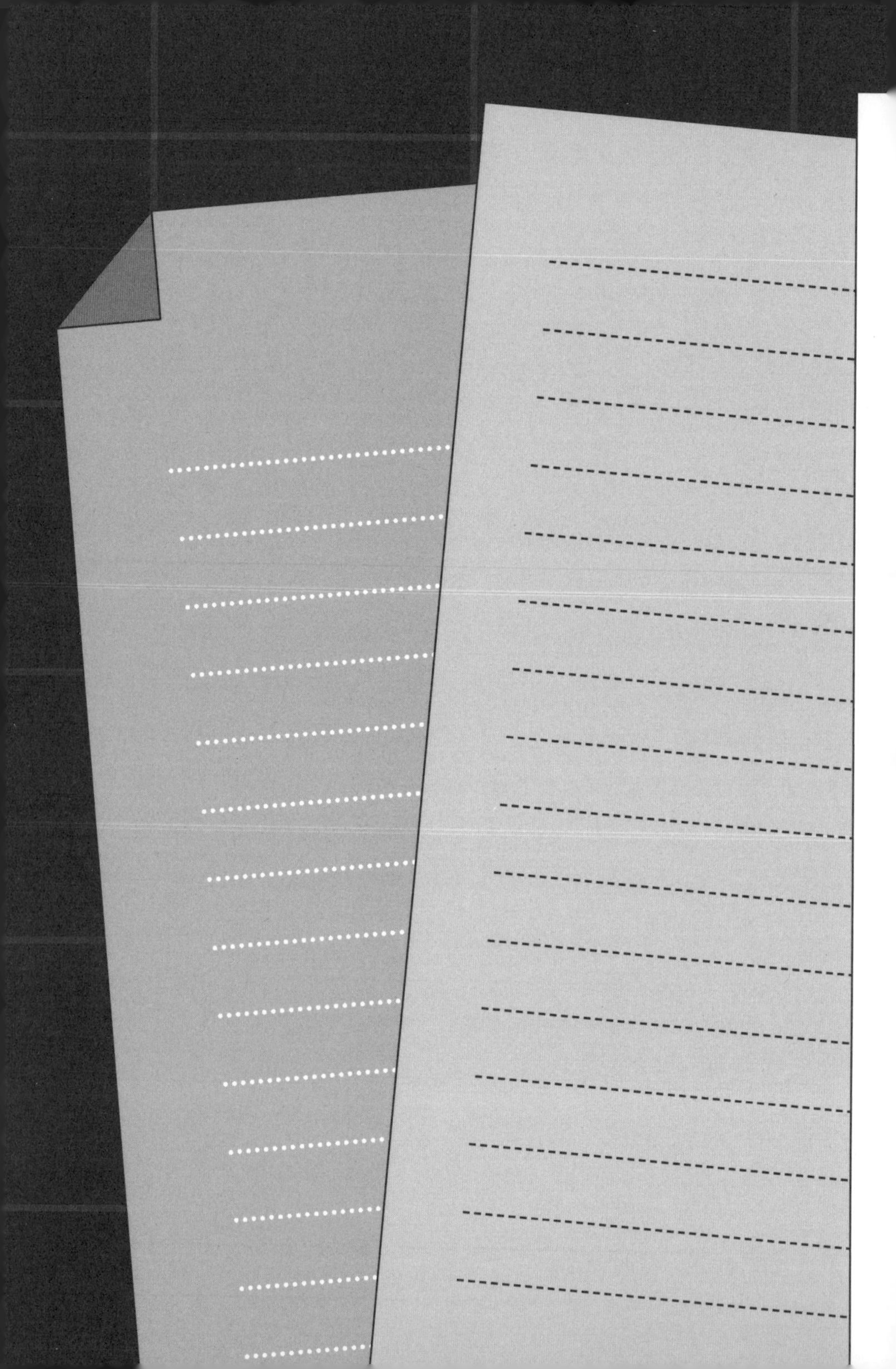

3장

사랑을 품은 남자로 키우는 법

나는 자금 확보를 위한 실제 저축에는 실패했지만
사랑 자금 저축은 성공한 것 같다.
현재 아들은 사랑에 관해서는 '부자'다.
사랑 자금은 아쉬움 없이 실컷 사용할 만큼 확보했다.
게다가 '사랑'은 놀랍게도 두 배로 돌아온다.
빠지면 채워지기를 반복하며 절대 줄어드는 일이 없다.

보통 가정에서 엄마와 아이는 입 밖으로 '사랑'을 말하지 않는다. 마음먹고 대화를 시작했다가도 어느새 지적과 말대답, 불만, 언짢음만이 오가다 끝내는 경우가 많다. 친정 엄마는 남동생, 즉 그녀 아드님의 말투가 차갑다고 늘 한탄했다.

아이는 왜 사랑을 입에 올리지 않을까? 부모가 말해주지 않았기 때문이다. 나는 그 부분을 개선했다. 두 사람 사이에 오가길 바라는 말을 아들에게 넘칠 정도로 해주었다. 사람의 뇌에도 인공지능에게 하는 것처럼 '상냥한 말' 같은 것은 일부러 입력해줘야 한다. 아니, 오히려 반대다. 인공지능은 사람의 뇌를 모방한 것뿐이니.

엄마가 아들과 '다정한 대화'를 해야 하는 이유가 또 있다. 남자의 뇌 형태가 가속도로 발전하는 시기는 남성 호르몬인 테스토스테론의 분비량이 갑자기 늘어나는 사춘기다. 사춘기 이전까지는 상냥한 공감형 대화가 가능하지만, 14세가 지나면 대화 스타일이 문제 해결 우선인 남성형 뇌로 특화되어 버린다. 다시 말해, 사춘기가 오기 전까지 여성형 뇌의 공감형 대화를 마스터해야 한다는 뜻이다.

상냥한 말투를 가진 아들이라면 앞으로 만나게 될 여자들과 커뮤니케이션을 할 때 어려움이 없다. 다른 각도로 보자면, 여심을 사로잡는 다정함을 갖추고, 결정적인 순간에 사랑이 담긴 말을 아끼지 않는 이상적인 남자는 엄마만이 만들 수 있다는 뜻이기도 하다. 아내로서는 이미 늦었지만 너무 슬퍼하지 마라. 이미 늦었어도 방법이 없는 것은 아니다.

엄마가 다정하게 말하지 않으면 공감형 대화 방식을 모르는 '남자의 뇌'로 자라게 된다. 3장에서는 아들을 사랑 가득한 남자로 키우는 방법에 대해 살펴보자.

좋아해, 사랑해

나는 아들이 태어난 날부터 입이 아프도록 "네가 좋아. 사랑해."라고 말했다. 아들도 자연스럽게 "엄마. 좋아해요. 사랑해요."라고 말하게 되었고, 초등학교 때부터는 잠자리에 들기 전에도 꼭 말했다.

어느 날 초등학생인 아들에게 물었다.

"너는 '좋아해'랑 '사랑해' 둘 다 쓰잖아. 두 개가 어떻게 다른지 알아?"

아들은 망설이지 않고 이렇게 대답했다.

"'좋아해'는 지금 기분이고, '사랑해'는 계속 좋아하겠다는 약속이야."

이랬던 아들이 사춘기 이후로는 '좋아해'와 '사랑해'라는 말을 해달라고 해야 마지못해 하게 되었다. 다 자란 지금은 상냥한 말을 다양하게 바꾸어가면서 해주니까 그걸로 충분하다. 예를 들어 손을 부딪쳐 아파하면 "괜찮아요?"라고 묻고, 아픈 손을 쓰다듬으면서 "차가운 거 대줄까요?"라고 묻는다. 옆에서 남편이 "큰일도 아닌데 그런 걸 잘도 챙기네."라고 하면 아들은 "엄마가 아픈 건 손이 아니라 마음이거든요."라고 말했다.

아들을 키울 때 나도 그렇게 했었다. 아들이 넘어지면 뛰어가서 끌어안았다. 다리의 통증보다 넘어진 충격을 완화시켜주고 싶어서 말이다. 아이가 아픈 것은 몸보다 마음이라고 늘 생각했다. 이런 생각을 입 밖으로 내뱉지 않았는데도 아들은 이미 알고 있었다.

사랑 자금 저축하기

신생아일 때 아이가 울면 나는 번갯불보다 빠른 속도로 아이에게 달려갔다. 선배 엄마들은 아이의 울음이 잦아들면 가라, 운다고 바로 안아주면 버릇 나빠진다고 말했지만 나는 아이가 불안을 호소하면 바로 달려가는 엄마이고 싶었다. 이것이 두 사람 간의 신뢰 관계를 만든다고 믿었다.

한번 상상해보자. 얼마 전까지 어둡고 폭신한 태내에서 편안하게 지내던 아이가 세상에 나온 지 아주 조금밖에 지나지 않았다. 바람 소리, 구름이 드리우는 그림자, 밝은 조명, 넓은 공간까지 아이를 불안하게 만드는 것은 너무도 많다. 불안해서 우는 아이에게 울 때마다 엄마가 곁에 있다고, 아무 것도 걱정할 것 없다고 알려주고 싶었다.

요즘에도 여전히 '계속 안아달라고 할 테니 운다고 바로 안아주지 말라'라고 말하는 사람이 있을까. 이 말을 처음 들었을 때 말이 되지 않는다고 생각했다. 그냥 울게 내버려두면 안아달라고 보채지 않게 된다는 말은 불신이 낳는 일종의 포기가 아닐까.

사랑하는 아이가 '아무리 울어도 엄마가 반응하지 않아'라고 인생 최초로 체념하는 모습을 나는 두고볼 수 없었다. 그래서 즉각 달려가 안아주었다. 그 결과, 다행히도 심각한 수준의 '안아안아 병'에 걸리진 않았다.

가끔 아기가 우는데도 신경 쓰지 않고 스마트폰에 빠져 있거나 아무렇지도 않게 유모차를 미는 엄마를 볼 때면, 아이의 인내심을 길러주는 중인지 '안아안아 병'을 피하려는 수단인지 고심하게 된다.

사람마다 각자가 생각하는 육아의 우선순위는 다를 것이다. 그러니 각자의 방식을 나무라는 것은 아니다. 다만, 나중에 내가 아프다고 해도 아이들은 달려오지 않을 가능성이 높다. 다정함은 다정함으로 돌아온다. 이것만은 반드시 기억하자.

돈도 사랑도 참 닮았다. 둘 다 손에 넣어야만 비로소 사용할 수 있다. 교육자금을 저축하듯 사랑도 저축해야 한다. 나는 자금 확보를 위한 실제 저축에는 실패했지만 사랑 자금 저축은 성공한 것 같다. 현재 아들은 사랑에 관해서는 '부자'다. 사랑 자금은 아쉬움 없이 실컷 사용할 만큼 확보했다. 게다가 '사랑'은 놀랍게도 두 배로 돌아온다. 빠지면 채워지기를 반복하며 절대 줄어드는 일이 없다.

육아 테마부터 정하기

나는 32살 때 아이를 낳았다. 인공지능 개발자로 일한 지 8년 차였다. 선구자가 없는 분야라 베테랑으로 인정받고 있었고 부하 직원도 있었다. 그래서인지 뇌 기능을 연구하던 나에게 육아는 '인간 뇌 육성'이라는 새로운 프로젝트 같았다.

프로젝트에는 장기 목표가 필요하다. 목표를 세우지 않으면 평가를 내릴 수 없다. 평가를 내릴 수 없다면 매일 반복되는 자잘한 판단을 할 때마다 '이견'이나 '입소문'에 휩쓸려 결국 길을 잃고 좌절하고 만다.

1990년경 내가 몸담았던 인공지능 분야에서는 항상 새로운 길을 개척해야 했다. 그래서 장기 프로젝트에서 목표 설정의 중요성은 이미 몸에 배어 있었다. 바로 이 부분에 육아 주제가 있다. 태어날 아기가 남자아이라는 것을 안 순간, 내 아들의 육아 테마가 떠올랐다. 바로 '엄마도 반하는 멋진 남자'였다.

흔히 말하는 말 잘 듣는 착한 아이가 아니라도 좋다. 하지만 생선을 멋있게 먹는 남자면 좋겠다. 시험을 못 쳐도 좋다. 하지만 물리학적인 감각과 뛰어난 언어능력을 가졌으면 좋겠다. 언어 능력이란 뇌리에 떠오른 이미지를 제대로 출력할 수 있는 힘이다. '자신의 말로 우주를 말할 수 있는 남자'는 내 이상형이었다. 주관성과 객관성을 겸비한 사람만이 할 수 있는 일이다. 완벽하진 않아도 좋다. 그보다 실패 앞에 의연하길 바란다. 주변사람들이 응원하고 싶어 하는 사람, 몸집은 크지만 애교가 있는 남자면 좋겠다.

가르칠 것은 신중하게 결정하자. 미술이나 음악 같은 예술 영역은 어디까지나 놀이로 접근해야 한다. 유연하게 인생을 즐기는 우아한 남자가 되길 바라기 때문이다. '한번 시작한 것은 도중에 내던지지 마라'든지 '다음에 다시 할 때까지 제대로 연습해라' 같은 말을 해서 아이를 부추기는 행동은 좋지 않다. 아이의 인생을 채색할 미술이나 음악을 고통스러운 추억과 세트로 떠오르게 하는 것은 안타까운 일이다.

무엇보다 아이가 마음껏 어리광을 부리게 하라. 이 세상은 무서운 곳이 아니다. 괴로운 일이 생겨도 그것은 즐거운 일로 빛나기 위한 포석임을 깨우치길 바란다. 세상에 나오면 반드시 차가운 바람이 휘몰아친다. 아이는 머지않아 어린이집에 갈 것이고, 어린 나이에도 세상의 부조리를 깨닫게 될 것이다. 적어도 나와 함께 있는 시간 동안은 이 세상이 따사로운 공간이라고 믿었으면 좋겠다. 1초도 낭비할 수 없다. 훈육이라 칭하는 '세상의 눈'으로 아이를 혼내는 일 따위를 할 순 없다.

여기까지가 육아의 테마를 정한 순간 내 머릿속에서 자연스럽게 펼쳐진 장기 플랜이다.

엄마도 반하게 만드는 멋진 남자

실제로 내가 뜻한 대로 아들은 '엄마도 반하게 만드는 멋진 남자'로 컸다.

오토바이로 몇만 킬로미터를 달리는 청춘을 보냈고 물리학 대학원을 나와서 자동차 설계회사에 들어갔다. 작년에는 내 회사로 들어와 연구 담당자로 일하고 있다. 비즈니스 감각도 남다르다.

기적처럼 어여쁜 아내를 데려와 우리 부부가 새로운 식구를 맞이하게 해주었다. 아들이 함께 살자고 해서 멋진 집을 지었고, 지금도 아들은 나에게 맛있는 식사를 차려준다. 지진이 나서 집이 흔들렸을 때 아들은 3층에서 1층 내 방까지 한달음에 달려왔다. 사실 나는 지진보다 아들의 발소리에 놀라 아연실색했다.

작년에는 숲에 땅을 사서 주말마다 열심히 오가며 집을 짓는다. 지난 주 가족이 다 함께 숲에 놀러갔다. 생명력 넘치는 8월, 숲에서 제일 좋아하는 미스터리 신간을 읽었다. 우연이지만 소설의 무대도 8월의 와이오밍(Wyoming) 숲이었다. 아들이 숯을 피우고 고기를 굽는 동안 아들의 친구는 샌드위치를 만들어 주었다. 이런 사치스러운 시간이 또 있을까.

누가 나에게 아들이 더 갖추었으면 하는 것이 있냐고 묻는다면, 단 하나도 떠오르는 것이 없다고 말할 수 있다.

이렇게 살아도 괜찮아

세상의 기준으로 보면 내 아들은 어떻게 보

일까.

아침에 학교에 가기 위해 서두르지 않는다. 숙제를 잘 안 해간다(사실 숙제가 있었던 것도 모른다). 배우는 것에 흥미가 없다. 성적은 별로 좋지 않다(머리가 나쁜 건 아닌데 지각과 숙제 까먹기로 감점이 많아서 진짜 실력을 알 수 없다). 달리기는 최하위권이다(목표물이 있으면 누구보다 빠르지만 그냥 달리는 것에는 열의가 없다). 정리정돈을 못 한다. 자기주장이 강하다. 터덜터덜 걷는다.

아들은 어느 날인가 학교에 도착하니 2교시 수업중이었다고 했던 초등학생이었다. 아들은 위 학년들에게는 '무민군', 아래 학년들에게는 '토토로 형아'라고 불렸다. 세상과 동떨어진 세상만사 느긋한 아우라가 그의 트레이드 마크였다. 물론 겉보기만 그런 것이 아니라 행동 또한 그랬다. 같은 반 아이들 대부분이 입시 준비를 하던 초등학교 6학년 때 친구 엄마가 "아드님을 보면 안심이 돼요. 이렇게 살아도 괜찮구나 싶어서요."라는 말을 진지하게 했었다.

왜 엘리트로 키우려 하나

내가 아들을 꾸짖지 않고, '공부, 공부' 잔소리도 하지 않고, 학원에도 보내지 않고, 입시가 코앞인데도 딱히 정보를 알아보지 않고, 뭘 배우는 것도 없이 열심히 하지 않으니 주위에서는 "그렇게 있다가는 커서 알바 인생밖에 안 된다."고 경고했다. 나는 "알바만 하는 삶이면 평생 내 곁에 있겠네. 그것도 나쁘지 않아."라고 진심으로 말해서 경고한 사람을 오히려 놀라게 만들었다.

나는 아이를 엘리트로 키우려는 엄마들의 마음을 도통 모르겠다. 전 세계를 누비는 유명 기업가나 외교관이 되면 아이는 내 곁에 있어주지 않는다. '신의 손'을 가진 의사가 되면 집에 올 여유도 없다. 사랑하는 아들을 멀리 떠나보내기 위해 열심히 학원에 보낸다니, 그 이유는 무엇일까.

물론 그런 인재들은 이 세상에 꼭 필요하다. 본인이 원한다면 하는 수 없지만 그런 인재가 반드시 내 아들일 이유는 없지 않은가. 이런 마음으로 아이를 보살폈기에 아들을 훌륭하게 키우려는 아이 친구 엄마들이, 여러 의미에서 눈부시게 느껴질 뿐이었다.

이상적인 엄마란 무엇일까

내가 졸업한 여자대학교는 현모(賢母)를 많이 배출하는 것으로 유명한 학교였다. 회사 일을 하며 만나는 기업인이나 예술인에게 "저도 그렇고 엄마도 그 학교 출신이에요."라는 말을 자주 들었다. 동창생 중에도 놀랄 만한 인재를 키워낸 주부들이 많다.

물리학부 동창 한 명은 아이와 즐거운 시간을 보내며 공부하라는 잔소리도 하지 않았는데 아이를 영국의 명문 대학에 보냈다. 현재 딸은 외무성에 근무하고 아들은 도쿄대 학부 시절에 변호사 시험에 합격했다. 수줍음이 많고 귀여운데다 멋지기까지 한 두 아이는 그들에게 더없이 잘 어울리는 반려자를 만나 평온한 인생을 누리고 있다.

동창은 바다 건너에 사는 아이들과 자주 연락을 주고받으며 취미 생활을 하면서 삶을 즐기고 있다. 그녀는 아이를 엘리트로 키우기 위해 노력하지 않았다. 아이들이 자신의 사명에 맞는 일을 찾았는데 그것이 엘리트라 불리는 직업군이었을 뿐이다.

이상적인 엄마란 무엇일까? 이런 질문을 받을 때마다 나는 그녀를 떠올린다. 느긋하게 육아를 하고, 사랑한다 말하고, 명문 대학에 진학시킨 여유는 어떻게 해서 생겨난 것일까? 사회에 공헌하려는 사명감은 어떻게 키워질까? 내가 오히려 그녀가 쓴 육아서를 읽고 싶을 정도다.

나도 엘리트라 불리는 아이와 그의 엄마에 대해 완전히 부정적이기만 한 것은 아니다. 동경하고 배우고 싶은 것도 있다. 그저 그런 스타일이 우리 모자와는 맞지 않았을 뿐이다. 내 동창이 생각하는 '엄마도 반하는 멋진 남자'와 나의 그것이 다를 뿐이다. 세상 모든 엄마는 자신이 바라는 아들을 얻으면 된다. 다만 사랑만은 듬뿍

주자.

남자론 꿀불견이야

'엄마도 반하게 만드는 멋진 남자'라는 육아 테마에서는 아들을 별로 혼낼 일이 없다. "남자론 꼴불견이야."라는 한마디면 거의 모든 상황이 정리된다.

언젠가 어린이집 친구들을 집에 초대해 함께 놀았다. 외동아들인 아들은 자기 장난감을 친구들에게 빌려주기 싫어했다. 자신의 세계를 남이 만지는 일에 익숙하지 않았기 때문이다. 이때 나는 "그런 거 남자로선 별로야."라고 말했다. 그러면 아이는 "오, 미안하군."이라고 할아버지 같은 말투로 말하고는 친구들에게 장난감을 건네주었다. 현관에 벗어놓은 신발이 뒤집혀 있을 때도, 생선을 잘 못 먹을 때도, 인사를 잘 못할 때도 이 한마디면 깔끔하게 해결됐다. 덕분에 "○○ 좀 해라."는 말을 거의 하지 않고 아이를 키울 수 있었다.

말은 인간관계를 만든다. 명령형을 사용하면 지배 관계가 된다. 나중에 아이가 자라서 기 싸움을 하며 반항하면 결국 사이만 멀어지게 된다. 부모가 나이 들었을 때는 자녀들이 명령형으로 부모를 혼내는 상황이 벌어진다. "○○하지 말라고 했잖아!"라고 말이다.

"먹어라"가 아니라 "몸에 좋으니까 먹어봐", "빨리 목욕해"가 아니라 "따뜻한 물 받아놨으니 먼저 씻을래?", "숙제해"가 아니라 "숙제는 어떻게 되었어?"라고 바꿔서 말하자. 사귀는 연인에게 말하듯이.

나는 정성 들여 만든 이유식을 아이가 뱉어냈을 때도 "입에 안 맞나 보네."라고 말했을 뿐이다. 그러나 학교 가기 전 "빨리 준비해."라는 말만은 강한 명령조로 했다. 그렇게라도 안 하면 영영 학교에 안 갈 것 같은 아이였기 때문이다. 그리고 이때다 싶을 때는 "남자론 꼴불견이야."라는 카드를 꺼냈다.

'멋져'라는 결정적인 말

"그건 멋지니까 이렇게 해."는 꽤나 결정적인 말이다.

남자아이를 혼낼 때 세상 탓을 하는 부모님이 많다. "가게 사장님한테 혼난다, 조용히 해." "공부 안 하면 선생님께 혼나." 같은 말이 그렇다. 이런 표현은 꼴사납지 않은가? "조용히 해. 그래야 멋진 어린이니까.", "공부해. 그게 멋지니까."라는 표현을 쓰면 부모 또한 멋지게 보인다. 육아 스타일이 확실하고 의연해 보여서 좋다.

게다가 엄마가 멋지고 안 멋지고를 평가하면 아이는 찍소리도 못한다. 보통 아들은 남이 혼내는 것보다 엄마에게 인정받지 못할 때 훨씬 충격을 받는다. 어쨌든 엄마는 '세계관의 좌표 원점', 즉 뇌의 기준점이니 말이다. 세상에 거부당한다 해도 그것은 한 번의 공격에 불과하다. 하지만 엄마의 "안 돼."는 아들의 세계관을 흔들고 만다. 이 대사는 아들이 아직 어릴 경우에는 아빠도 적절히 사용해보자. 다만 아이가 사춘기가 지났는데 그렇게 말했다간 어지간히 멋진 아빠가 아니면 반격을 당할 가능성이 높다는 점은 주의해야 한다. 그러나 엄마는 나이가 들어도 이 말을 쓸 수 있다. 여자가 사랑하는 남자에게 사용하는 이 대사에는 멋진 남자로 있어주길 바라는 마음, 다시 말해 동경하는 마음이 담겨 있기 때문이다.

아들에게 의지하라

차라리 아들에게 의지하는 방법도 있다.

놀이에 집중하느라 정글짐에서 내려오려 하지 않는 아들에게 "엄마는 집에 간다. 얼른 내려와."라고 말하지 않는다. "이제 가야 해. 안 그러면 엄마가 카레 만들 시간이 없어. 큰일이네."라며 정말 곤혹스러워하면 명령조로 말해도 아랑곳하지 않던 아이가 "알았어요, 갈게요."라고 대답하는 경우가 많다. 간혹 "카레 안 먹어도 돼요. 달걀밥이면 돼요."라는 뜻밖의 제안을 내놓아 쓴웃음을 지을 때도 있지만.

뇌는 인터랙티브(interactive; 상호작용) 머신이다. 타자와의 관계성을 계속 측정한다. 말이란 그 관계성을 순식간에 바꾸는 도구다. 부탁받는 사람의 뇌는 자연스럽게 그 자리의 리더가 된다. 리더는 감정을 자제하고 전체를 살펴야 한다. 부모자식 간에도 이런 효과는 동일하게 작용한다. 게다가 객관성을 우선하는 남자의 뇌는 아무리 어린 나이라도 그 기능을 제대로 발휘한다.

형제간 싸움을 말릴 때 무심결에 형에게 "형이니까 네가 참아."라고들 말한다. 가령 형의 장난감을 갖고 싶다고 떼쓰는 남동생을 달래기 위해 형에게 장난감 좀 빌려주라고 양보를 강요하기도 한다. 이렇게 하면 쉽게 상황을 무마할 수 있다. 하지만 형 입장에서는 이런 부당함도 정도껏이다. 그 자리에서는 해결되었을지 모르지만 형의 스트레스는 점점 쌓이게 되고 나중에 형제간 사이만 나빠질 뿐이다. 그럴 때 엄마가 진심으로 곤혹스러워하는 표정으로 이렇게 말해보자.

"어떻게 해야 형한테 소중한 물건이란 걸 알 수 있을까?"

그리고 이렇게 덧붙이자.

"아들(형)은 어떻게 생각해?"

그러면 여러 가지 제안을 할 것이다.

"동생은 아직 말이 안 통하니까 제가 안 보이는 곳에서 놀았어야 해요."

"잠깐 빌려줄게요."

"이젠 동생한테 물려줘도 돼요."

형이 특별한 제안을 하지 않는다면 엄마가 먼저 제안해보자.

"동생에게 잠깐만 빌려줄까? 그 사이에 엄마가 동생 기분 바꿀 궁리 좀 해볼게."

이렇게 엄마가 의지하면 할수록 남자아이는 늠름하고 현명하고 의젓해진다.

형제가 있다면, 따로 만나라

형제를 키운다면 아이들에게 역할을 정해주자. 카레 맛은 형이 봐주고, 어떤 꽃을 살지는 동생에게 물어보는 식이다. 각자 잘하는 분야를 파악해서 전달하면 된다.

가끔은 아이들과 따로 따로 데이트를 하자. 남자아이에게 공감형 대화를 가르치려면 일대일로 만나야 한다. 여자아이라면 옆에 누가 있을 때 "가만히 좀 있어."라는 말을 들어도 당당하게 제 기분을 이야기하지만 남자아이는 이런 부분이 약하다. 그러니 남편이나 조부모에게 도움을 받아서라도 형제를 따로 만나 둘만의 시간을 가지길 바란다. 특히 동생을 낳았을 때는 갓난아기를 남편에게 맡기더라도 일주일에 한 번 정도는 큰아이가 엄마를 독차지할 수 있는 시간을 주자. 집 앞 공원에만 가도 좋다. 동생과 함께가 아닌, 첫째와 단 둘이 가는 것이 중요하다. 형에게 엄마 손이 덜 가는 나이가 되면, 막내에겐 엄마와 함께하는 시간이 어느 정도 확보된다. 이에 비해 형제 중 중간에 낀 아이를 신경 쓰지 못하는 경우가 많으니 이 부분을 놓치지 말자.

아이들에게 일일이 신경 쓰기 힘들다는 독자들에게는 나만의 비법을 전수하겠다. 남편, 곧 아이들의 아버지가 공감형 대화를 하면 해결된다. 아빠가 언제나 다정하고 사랑 가득한 말을 엄마에게 하는 모습을 보여주면 그것으로 만사형통이다. 형제들과 따로 만나는 일대일 대화도 필요 없다. 남자아이의 뇌는 공간 인지 우선형이라 무엇이든 형태로 보이는 것에 능숙하다. 그래서 롤모델을 정하면 공감형 대화는 상당한 수준까지 오르게 된다. 일단 남편을 자녀들의 롤모델로 만들어야 한다.

남편을 추켜세우면 아들 성적이 오른다

서열을 정확하게 지키면 형제 육아는 훨씬 수월해진다. 형제가 같이 있을 때는 장남, 차남, 막내 순으로 의향을 물어보고 부탁하면 된다. 단, 각 형제가 담당하는 분야가 따로 있을 때는 순서를 지키지 않고 질문해도 좋다. 처음부터 당사자에게 바로 묻는다. 식사도 서열 순으로 차려준다.

이미 여러 번 강조했지만, 남자의 뇌는 공간 인지 우선형으로 거리와 위치에 예민하게 반응한다. 이것은 개념 공간에서도 동일하게 작용하며 사람 간 위치, 곧 서열에도 민감하다. 남자들은 직함이 중요해서 직위가 높은 사람을 제쳐놓고 일을 진행하지 않는다. 그래서 업무 현장에서 서열에 둔한 여자들에게 스트레스를 받는 남자들이 많다.

어린 남자의 뇌도 마찬가지다. 매번 서열이 달라지면 혼란스럽고 신경이 으스러진다. 형제간 서열이 말끔히 정리되면 남자의 뇌는 안심한다. 또 '2번째'라는 장소가 정해지면 스트레스를 받지 않는다.

자매 사이에는 자아가 강한 여자의 뇌가 복작거리면서 뒤섞이며 너도 나도 모두 첫째라는 감각이 있다. 그래서 오늘은 언니가 1번, 내일은 동생이 1번, 이런 식으로 그때마다 서열이 바뀌는 것이 자매간에는 자연스럽고 스트레스도 덜하다.

엄마는 여자의 뇌를 가진 사람이라 무심결에 남자들의 서열을 무시하기 쉽지만 신경을 써야 한다. 엄마가 서열을 지켜야 형제간의 싸움이 현격히 줄어든다. 그 서열의 제일 높은 곳에는 바로 아들들의 아버지, 즉 남편이 있다. 남편을 슈퍼 장남이라고 인정하고, 장남보다 먼저 의견을 묻고 장남보다 먼저 밥을 차려주어야 한다. 이 또한 앞에서 말한 것처럼 남자의 뇌는 롤모델을 보고 성장하는 성향이 강하기 때문이다. 세상에서 제일 처음 만나는 어른 남자인 아버지는 자연스럽게 인생 최초의 롤모델이 되는 경우가 많다. 이런 인생의 목표인 롤모델을 그의 아내인 엄마가 업신여긴다면 아들들의 동기 부여는 급격히 줄어든다. 오랫동안 공부하고 열심히 일한 끝에 닿은 곳에서 이런 취급을 받는다면, 오늘 해야 하는 구구단 숙제를 외울 기력조차 사라질지 모른다. 반대로 인생 최초의 여신, 즉 엄마가 내 롤모델을 존중한다면 '열심히 노력해서 저 자리에 가고 말 테다.'라며 의지를 불태울 것이다.

그래서 공간 인지 우선형인 남자 뇌의 학습의욕을 부추기려면 남편을 추켜세우면 된다. 나는 아무래도 이 부분은 실패한 것 같다. 남편과 아들에게 이 점은 깊이 사과하는 바다.

엄마는 완벽하지 않은 것이 낫다

엄마는 완벽한 어른으로 군림하기보다 불안하거나 곤혹스러워하는 모습을 솔직히 보여주는 것이 낫다. 예상대로 되지 않았을 때 패닉 상태에 빠져도 좋다.

나는 집안 정리를 잘 못하고 흩트려 놓기 일쑤다. 식사 준비도 해야지, 아이 체육복도 빨아야지, 학교에 낼 서류도 준비해야지, 이 와중에 중요한 서류는 안 보이지, 원고 마감시간도 지났는데 아이가 우유를 바닥에 쏟았다면?

어이없지만 아들에게 화풀이를 한 적도 있다. 그때 아이는 다정하게 나를 안아주며 "엄마, 진정해요."라고 말해주었다. 패닉 상태에 빠진 아들에게 내가 "괜찮아, 괜찮아."라고 말해준 것처럼.

아들은 지금도 그렇지만 나에게 넘칠 정도로 많은 사랑을 주었다. 이럴 수 있었던 이유로 나는 '상황마다 사용할 대화법'을 심어준 점과 내가 아들에게 의지했던 점을 꼽는다.

만약 남편이 아내의 변화를 눈치 채지 못하고 상냥한 말 한마디 안 하는 유형이라면 남편의 엄마, 즉 시어머니가 완벽주의자일 가능성이 높다. 고사양에 우수한 두뇌를 가진 엄마일수록 상냥한 말을 모르는 아들을 길러내는 경우가 있다. 육아를 열심히 하면서 아이에게 냉정하게 굴게 된다. 이런 말도 안 되는 일이 있을까 싶지만 안타깝게도 왕왕 있다.

완벽주의 성향인 시어머니는 며느리보다 자신이 우위에 있음을 보여주는 행동, 즉 으스대기, 명령하기, 소리 지르기 등의 '마운팅'을 하는 경우가 있다. 다정한 말을 못하는 남편과 이런 성향을 가진 시어머니는 대부분 세트로 구성된다.

언젠가 여성지에 실렸던 〈아들을 남편처럼 키우지 않는 법〉이라는 기사가 인터넷에서 큰 화제가 됐었다. 만약 이런 이유로 남편과 시어머니에게 스트레스를 받는 입장이고 그렇게 되고 싶지 않다면 완벽주의를 버려라. 그것이 만사형통으로 가는 길이다.

똑똑하고 패닉 상태에는 절대 빠지지 않는 엄마라 해도 "이 반찬 맛 좀 봐줄래?", "이 옷 어때?" 같은 질문거리를 만들어 아이를 대화에 끌어들이면 된다. 엄마가 한 요리의 간을 봐주면 자연스럽게 요리에 흥미를 가지게 되고, 엄마가 상의할 때마다 받아주다 보면 나중에는 연인 혹은 아내가 입은 옷이나 헤어스타일의 변화를 알아차리는 남자가 된다.

고민이 있다면 아들과 상의하라

아들에게 고민거리를 상의하다보면 아들은 내 마음의 가장 역할까지 해준다.

나는 아들에게 온갖 자잘한 것들을 상의했다. 성묘를 같이 가자고 부탁하기도 하고, 커튼을 언제 교체해야 하는지 같은 것도 물어보았다. 갓난아이였을 때부터 말이다. 물론 혼잣말에 불과했고 돌아오는 건 아이의 옹알이뿐이었다.

엄마가 의지할 수 있게 잘 자란 아들은 가족을 항상 배려한다. 아들이 초등학교 5학년 때는 우리 부부에게 "우리는 가족이라고 할 수 없어요. 함께 밥을 먹지 않으면 가족이 아니에요."라며 일장연설을 늘어놓았다.

나는 아침 출근시간이 빠듯한 탓에 선 채로 식사를 해결하고, 남편은 저녁 귀가가 늦으니 가족이 모두 식탁에 둘러앉아 식사할 시간이 없었다. 그때 무슨 일이 있어도 아침밥은 같이 먹자는 규칙을 만들었다. 그즈음부터 지금까지 가족 단합을 위한 제안은 대부분 아들이 담당하고 추진한다. 불단(佛壇)을 새로 살 때도 대학생인 아들에게 상의하자 가족 모두가 만족할 만한 불단을 한 방에 골랐다. 정말 매력덩어리다.

이런 것을 보면 과거에 어머니들이 아들을 추켜세우며 키운 것이 '남자의 뇌'를 잘 자라게 한 비결이었을지도 모르겠다. 더욱 깊이 들어가면 눈살을 찌푸리게 만드는 남존여비 사상도 분명 존재한다. 지역에 따라선 고기는 남자에게만 주고, 명절날 여자는 잔반을 처리하는 등의 부당함이 아직도 남아 있다고 한다. 아이를 낳은 여자야말로 양질의 단백질을 섭취해야 하는데 이게 무슨 말인가.

이런 남녀차별은 마땅히 없애야 하지만 뇌 성장 측면에서 보자면 남자를 추켜세우는 자세만은 조금 남겨둬도 되지 않을까 싶다. 엄마가 아들에게 의지하는 듯한 모습을 보여주고 어린아이지만 먼저 의향을 묻는 것이다. 적어도 이런 방법만은 남겨두면 좋겠다.

'기대기 신공'은 최고의 필살기

완벽주의자 엄마에게 자라나 다정한 말 한마디 못하는 남편에게 대처하는 방법을 하나만 전수하겠다.

남자의 뇌는 기본적으로 목표지향 문제해결형이라는 대화 방식을 취한다. 문제점을 재빨리 지적하고 함께 목표를 지향하는 대화법이다. 그래서 갑자기 약점을 꼬집는 방향으로 분위기가 흐르기도 한다. 다음 대화를 살펴보자.

[1] 현실 대화

아내 오늘 점장한테 이런 말을 들었어.

남편 점장이 하는 말도 일리는 있지. 당신이 이렇게 하지 그랬어?

아내 다음에 여기 가볼까?

남편 유명한 곳인데 예약이 되겠어?

여자 직원 부장님, 이런 제안을 하고 싶은데요.

남자 상사 자재 조달은 어떻게 할 건가?

[2] 바라는 대화

아내 오늘 점장이 이런 말을 했어.

남편 기분 나빴겠네. 너무 속상해 하지 마. 다음에는 이렇게 해보면 어때?

아내 다음에 여기 가볼까?

남편 좋네. 예약하기 힘들다고 들었지만 한번 해볼까?

여자 직원 부장님, 이런 제안을 하고 싶은데요.

남자 상사 좋은 생각이군. 나도 궁금했던 부분이야. 그런데 이 자재는 어떻게 조달할지 생각해봤어?

[1]과 [2]의 대화 전개는 천지 차이다. 남자들은 대부분 [2]라는 정답을 말할 생각으로 [1]처럼 심한 말을 아무렇지도 않게 내뱉는다. 공감하며 리액션할 시간조차 굳이 아껴가며 아내와 직원을 구원하려 든다. 물론 [1]에서 내뱉는 말에도 사랑과 신뢰는 듬뿍 담겨 있다. 상대방을 일부러 화나게 할 생각은 추호도 없다. 따라서 여자가 명심해야 할 업무상 불문율은 '남자 직원이 갑자기 약점을 꼬집어도 노하거나 슬퍼하지 않는다'는 것이다. 성인 여성이 익혀야 할 제일 중요한 커뮤니케이션 규칙이라 해도 과언이 아니다.

또 상대방이 약점을 후벼 팔 때는 '기대기 신공'을 발휘해보자.

"자재 조달은 어떻게 할 거야?"라는 질문에는

"역시 부장님이십니다. 저도 그 부분이 고민입니다. 어떻게 하면 좋을까요?"

이렇게 되묻자. 만약

"그게 네가 할 일이잖아."라는 답이 돌아와도

"그렇죠."라고 방긋 웃어주면 된다.

남자의 뇌는 남이 의지할 때 활성화되고, 순수하게 웃는 표정에 호감도를 느낀다. 어떻게 전개되어도 손해는 없다.

남편이 "예약하기 어려울 텐데"라고 말했다면

"역시 남편이야. 그게 문제야. 좋은 방법 없을까?"라고 하면 된다.

남편이 "뭐야, 내가 해야 해?"라고 말한다면 방긋 웃으며 고개를 끄덕이면 된다.

두뇌의 감성 차이 때문에 남녀 간에 발생할 수밖에 없는 이런 문제 때문에 일희일비한다면 내 시간만 아까울 뿐이다.

결론부터 말하라

남자 뇌의 대화 방식에 관한 조언을 하나만 더 하겠다.

목표지향 문제해결형 대화 방식은 가장 먼저 목표점을 정하고 앞으로 나아간다. 그래서 여자는 그 일의 사정이나 기분에 대해 말하지만 남자는 다음과 같이 말한다.

"결론부터 말해."

"무슨 뜻이야?"

"내가 뭘 하면 되는데?"

이런 반응은 남자만의 안전 대책 중 하나다. 남자들은 결론을 알 수 없는 이야기가 2분 넘게 이어지면 상대방이 하는 말이 모기 소리처럼 들리기 시작한다. 뇌에서 이대로 가다간 에너지를 다 써버린다고 판단하고 위험을 회피하기 위해 무의식중에 음성 인지 기능을 차단한 결과다. 목표지향 문제해결형 대화는 목표점을 알려줘야 결론에 이를 수 있는 시스템이라 사전에 경고를 보내는 방식을 취한다.

남자의 뇌에는 수다 기능이 탑재되어 있지 않다. 과묵하게 들판이나 숲에 가서 바람과 물소리를 들으며 짐승의 기척을 알아채도록 진화했다. 그러니 남자와 대화할 때는 결론부터 말하자. 결론을 내기 위한 대화라면 그 목적을 명확히 알리면 된다.

예를 들어, 어머니 3주기 제사에 대해 말할 때 포인트는 세 가지다. 언제 할지, 어디서 할지, 누구를 부를지. 지금까지의 제사에 대한 평가부터 시작해서 오늘 있었던 일까지 시시콜콜 말한 다음에 본론에 들어가면 남자의 뇌는 이미 안드로메다로 가버린 후다.

"내 말 듣고 있어?"

눈으로 레이저를 쏘면서 이렇게 소리치는 곤란한 상황만 연출

한다.

아들 또한 마찬가지다. 하고 싶은 말이 "학교에서 받은 프린트물은 집에 오자마자 꺼내 놓아라."라면 딱 그 말만 하자. "요전에 소풍 안내문이 가방 구석에 꾸깃꾸깃 처박혀 있었잖아. 엄마가 도시락 싸야 하는데 반찬거리 사려고 밤늦게까지 동네 편의점 돌아다녔고. 작년에도 이런 일이 있었잖아."라며 주구장창 늘어놓은 다음에 본론을 말해봤자 이미 아들의 뇌는 엄마의 말을 모기 소리처럼 느낄 뿐이다.

이러니 엄마들은 아이가 집중을 못한다, 주의가 산만하다는 식으로 말하기 쉽다. 하지만 아들들은 엄마가 이렇게 말했다가 저렇게 말했다며 말이 안 통한다고 결론 내린다. 이런 오해를 피하기 위해서라도 반드시 결론 혹은 목적부터 말하자.

남자 직원에게도 마찬가지다. 제출한 문서에 수정사항이 있다면 '포인트는 3가지'라는 식으로 말해야 한다. "예전부터 여러 번 이 건에 대해 주의하라고 했는데 왜 자꾸 똑같은 실수를 하는지 모르겠네. 여기 말이야……"라고 과거 경위부터 지루하게 늘어놓으면 본론으로 이어질 수 없다. 결과부터 말하라는 규칙을 지킨다면 남자의 뇌와 원활하게 대화할 수 있다.

지구만큼 큰 사랑

- 사랑이 담긴 말을 퍼붓듯 하자.
- 명령형으로 말하지 말자.
- 종종 부탁하고 의지하자.
- 결론부터 말하자.

이런 몇 가지 방법만으로 평생 아들과 다정한 대화를 나눌 수 있다면 시도하지 않을 이유가 없다.

아들에게 쏟아 부은 사랑은 꽤나 빨리 나에게 되돌아온다. 아들이 대여섯 살 때의 일이다. 모자간에 사랑의 크기를 두고 한창 경쟁하던 시절이었다.

"나는 이~만큼 엄마가 좋아."

아들은 최대한 양손을 펼쳐서 표현했다.

"엄마는 이~렇게나 우리 아들을 좋아해."

나도 양손을 펼치며 말했다. 뒤이어 아들은 양손을 펼친 채로 달리며 '크기'를 더 벌려보려 애썼다. 나도 지지 않고 모로 뛰었다. 아들이 나를 앞지를 수는 없었다.

어느 날 어린이집에서 돌아온 아들은 두 손등을 맞대고 말했다.

"난 이만큼 엄마를 좋아해."

손 모양이 무엇을 가리키냐고 물었다.

"이 사이에 지구가 들어있어."

어린이집에서 본 그림책인지 연극인지에서 지구가 둥글다는 사실을 알았단다. 손등을 맞대고 양 손바닥을 바깥으로 향하면 그 사이에 지구 한 바퀴를 돈 만큼이 들어 있다는 뜻이다! 한순간 온 세상을 손에 넣은 아이에게 이길 방도란 없었다. 난 지금도 그날의 그 작은 손을 똑똑히 기억한다. 그런 지구만큼 큰 사랑을, 나는 그때까지 받아본 적이 없었다. 아마도 죽을 때까지도 없을 것이다.

사춘기는
사랑의 브레이크타임

엄마에게 늘 넘치는 사랑을 주는 아들이었지만 사춘기 때는 예상대로 쉽지 않았다. 불쾌한 아지랑이가 나와 아들 사이에서 피어올랐다.

사람의 뇌는 12세가 넘어가면서 큰 변화를 맞이한다. 기억 방식이 어린이형 뇌에서 어른형 뇌로 바뀌는 시기이다. 어린이 뇌는 체험한 기억을 오감이 받아들여서 모든 감성 정보까지 함께 저장한다. 예를 들어, 초등학교 시절을 떠올리면 그때 느꼈던 냄새나 맛까지 떠오른다. 아빠가 처음 차를 샀던 날을 떠올리면 첫 드라이브의 추억과 함께 새 차 시트 냄새도 되살아난다. 그때 입에 물고 있었던 사탕 맛까지 떠오르기도 한다. 어린 시절의 기억은 이른바 감성 기억이다.

그러나 평생 동안 이런 기억 구조로 대응한다면 뇌내의 기억 공간이 부족해진다. 기억 덩어리가 커서 순간적인 판단을 요할 때 시간이 많이 걸린다는 단점도 있다. 그래서 어른 뇌는 좀 더 요령 있게 기억을 저장한다. 새로운 체험을 하면 과거에 했던 유사 체험과 비교하고 그 유사 체험과의 차이점이나 위치 관계를 중심으로 기억한다. 기억 공간을 적게 차지하고 검색도 훨씬 빨라진다. 이는 어려운 상황에 처해도 재빨리 처리할 수 있다는 뜻이다. 그러나 기억 데이터베이스 구조 자체가 많이 다른 어린이 뇌와 어른 뇌는 짧은 시간 안에 바뀌지 않는다. 12세 후반부터 시작해서 2년 정도에 걸쳐서 천천히 어른 뇌로 변한다. 이런 변환 과정 중에는 뇌가 취약한 상태라 오작동도 일으킨다. 여하튼 기억 장치와 검색 장치의 버전이 달라지기도 하니 그럴 만도 하다.

사춘기 뇌는 그래서 불안정하다. 자신의 기분을 제대로 끄집어내지 못한다. 따라서

"학교는 어땠어?"

"왜 공부를 안 하는데? 무슨 일이야?"

같은 질문에 화를 낸다. 이런 시기에 마음에서 우러나오는 대화를 원한다면 당사자와 무관한 화제에 대해 의견을 묻자.

"미국 대통령에 대해 어떻게 생각해?"

이런 질문이 좋다.

덧붙여 말하자면, 남자아이는 14세쯤부터 남성 호르몬인 테스토스테론 분비로 인해 갑자기 남성형 뇌의 스위치가 켜진다. 공감형 대화를 마스터한 아이도 일시적으로 말투에서 애정이 사라진다. 테스토스테론은 자기영역 의식이나 투쟁심도 끌어올린다.

"내 방에 허락 없이 들어갔어?"

"쓸데없는 말 좀 하지 마."

이렇게 말하며 크게 싸우는 일도 생긴다. 그러나 이 또한 만 18세가 되면 진정세로 돌아선다. 테스토스테론은 생식기관의 성숙을 돕는 호르몬으로, 사춘기에는 분비량이 최고조로 올라가지만 점차 줄어들며 안정적인 공급체계로 전환한다.

아이는 타인처럼 굴기도 하지만 반드시 다시 돌아온다. 걱정하지 말고 이 또한 성장의 한 과정이라고 받아들이며 지켜보자. 이런 과정을 이해하면 "내버려둬." "꺼져버려." 같은 말도 귀엽게 봐줄 수 있을지 모른다. 세상에서 가장 소중한 엄마에게 이런 말을 퍼붓다니.

나 또한 이런 아들의 변화를 예상하고 마음의 준비를 했다. 실제로 그런 말을 들으면 어떤 느낌일까 싶은 이상한 호기심도 발동했다. 결과부터 말하면 아들이 내게 욕설을 퍼붓는 일은 없었다. 어느 날 날선 중학생 아들에게 "그럼 엄마한테 '망할 할망구'라고 해봐." 라고 부추기자 "절대 안 해! 책에 쓸 거잖아!"라는 대꾸가 돌아왔다. 앗, 들켰다.

지구 최강의 사랑을 뛰어넘는 사랑

지금이야 아들의 1번은 자기 아내다.

아들의 장점 중 하나가 외모가 눈에 띄는 미남형이 아니라는 것이다. 테디 베어처럼 푸근한 얼굴과 큰 몸집을 가진 아들은 목가적이고 느긋한 목소리로 "오늘 날씨는 맑네요." 같이 일상적인 내용에 사랑을 가득 담아 말을 건넨다.

어느 날 며느리가 "어머니 덕분이에요."라고 진지하게 말하기에 무슨 일인가 했다. 그러자 아침에 있었던 에피소드를 들려주었다. 잠에서 깬 아들은 "잘 잤어? 밤새 못 만나서 외로웠어."라고 말하기에 그녀가 계속 옆에서 잤다고 하자 "눈을 감으면 못 만나잖아."라고 말했단다.

막 잠에서 깬 뇌의 의식 영역은 넉넉히 10분 동안 정지 상태다. 그러니 아들이 건넨 아침 인사는 자연스럽게 입에서 흘러나온 진정한 마음의 소리다. 나는 너무 기뻐서 눈물이 쏟아질 뻔했다. 계속 보고 싶어서, 눈을 감는 시간조차 아까울 정도로 사랑하는 사람을 아들이 만나서 감사했다. 며느리는 "벌써 3년이나 같이 살았는데도 그런 말을 해요. 다 어머니가 그렇게 키우셔서 그렇죠."라고 말했다.

'맞아, 내 덕이지. 그건 인정해. 내가 아들 뇌에 '사랑 저축'을 해두었거든.'

나는 마음속으로 읊조렸다.

어제는 두 사람의 결혼기념일이었다. 인스타그램에 올라온 저녁 식사 사진을 보니 디자인이 특이한 디저트 위에 '남편 늘 고마워'라는 며느리의 메시지가 적혀 있었었다. 며느리도 참 멋진 사람이라 남편에게 매일 사랑과 감사의 말을 전한다. 남편이 만들어준 요리를 맛있게 먹고, 내가 해준 요리에도 감사해한다. 그녀가 집에 있으면 항상 사랑의 순풍이 분다. 그런데 사진에 아들의 메시지가 보이지 않았다. 며느리가 특별한 비밀을 알려주었다. 기념일마다 아들이 늘 손편지를 주는데, 편지글 끝에는 꼭 '우주에서 가장 사랑하는 아내에게'라고 적는다고 한다.

와, 엄마에게 주었던 '지구만큼 큰 사랑'을 뛰어넘은 건가. 이것으로 충분하다. 아들의 뇌속 '사랑 구조'는 아주 굳건하고 탄탄하니까. 이제 안심하고 인생을 졸업할 수 있겠다.

의욕을 키우는 법

부모가 먼저 성과주의에서 해방되어야 한다.
실패에 좌지우지되지 말고, 성공에만 너무 황홀해하지도 말고,
뼈저린 고통을 아이와 함께 나누자. 실패한다 해도
"그런 전략은 좋았어. 포기하지 않은 네가 자랑스러워."라고
칭찬해주자.

의욕이 없다는 것. 인생을 살면서 겪게 되는 가장 큰 손해다.

남자와 여자는 의욕을 발휘하는 상황이 다르다. 남자 뇌는 수렵 중심이고, 여자 뇌는 육아 중심이라 활성화되는 부분이 다르기 때문이다. 엄마가 생각지도 못한 순간에 아들의 의욕이 발동하는 스위치가 켜지므로 엄마의 '의욕 환기'용 행동이 의외로 역효과가 날 수 있다.

4장에서는 '삶의 의욕'을 키워주는 법에 대해 말해보려 한다. 일단 식사에 대한 이야기부터 시작하자.

성격이 아니라
영양에 좋지 않다

의욕, 호기심, 집중력, 사고력, 상상력, 기억력 등은 모두 뇌 입장에서 보면 전기 신호, 곧 신경 신호에 해당한다. 신경 신호의 에너지원은 바로 '당'이다. 당은 혈당을 뜻하며, 소화기관을 통해 뇌로 전달된다. 신경 신호는 때로는 수십 센티미터에 달하는 긴 신경섬유를 통과하는 도중에 약해진다. 이런 신호 감퇴 현상을 방지하기 위해 신경섬유에는 신호를 알맞게 조절하는 절연 커버 같은 것이 씌워져 있다. '미엘린 수초(髓鞘;신경섬유에 나와 있는 돌기인 축색 표면을 덮는 원통 모양의 피막으로, 전기적 절연 장치를 이른다-옮긴이)'라 불리는 이 커버는 재질이 콜레스테롤이다. 실제로 뇌내의 30퍼센트는 콜레스테롤 성분으로 이루어져 있다.

신경 신호는 모두 뇌내 호르몬이 제어한다. 세로토닌이나 도파민과 같은 호르몬이 의욕 신호가 약해지지 않게 받쳐주며 집중력을 만들어낸다. 뇌내 호르몬의 주재료는 비타민B군과 동물성 단백질인 아미노산, 엽산이다. 덧붙이자면 비타민B는 나트륨에 의존하며 혈관을 통해 이동하기 때문에 운반자인 미네랄도 무시할 수 없다. 그래서 나트륨도 적당히 섭취해야 한다.

여기서 핵심은 영양이 부족하면 뇌가 정상적으로 움직일 수 없다는 것이다. 혈당이 너무 낮아지면 안 된다. 혈당은 안정적으로 공급

되어야 한다. 신경 신호가 감퇴하지 않도록 콜레스테롤 수치가 너무 낮아지지 않도록 주의해야 한다. 또 뇌내 호르몬이 제대로 분비되게 하려면 비타민과 단백질을 균형 있게 섭취해야 한다.

이 조건을 제대로 갖추었다면 육아 방식이 조금 어설퍼도, 내 아이를 넘치는 호기심과 끊이지 않는 의욕을 가진, 사려 깊은 아들로 키울 수 있다. 이중 하나라도 모자라면 매사에 의욕이 없고, 지루해하고, 갑자기 푹 꺾이는 아이가 되고 만다. 이런 아이는 성격이 문제가 아니다. '영양'이 좋지 않은 것이다.

단백질 위주의 음식을 주자

콜레스테롤, 동물성 아미노산, 비타민B군이 많은 음식은 바로 고기다.

이들 영양소는 신체 발육에도 필수적이다. 키가 급속도로 크는 중·고등학생들은 특히 고기를 좋아한다. 바로 뇌와 몸이 원하기 때문이다. 물론 엽산을 보충하기 위해 채소도 많이 섭취해야 한다.

고기는 지방이 많아 소화가 잘 되는 음식이 아니다. 소화력이 약하면 마음껏 먹을 수 없다. 빵이나 과자를 자주 먹는 사람에게는, 많이 씹지 않아도 되는 탄수화물 덕분에 공복을 견디는 버릇이 생긴다. 그래서 소화력이 낮아져 필요할 때 원하는 만큼 먹지 못하게 된다.

그렇다면 어떤 음식이 좋을까? 가령 학원에 가기 전에 먹는 간식이라면, 과자나 빵이 아닌 삶은 달걀을 강력 추천한다. 아이의 두뇌에 좋다. 물론 뇌에는 생선 추출 성분도 필요하니 고기, 생선, 유제품을 부족함 없이 골고루 먹는 식습관이 중요하다.

콜레스테롤, 동물성 아미노산, 비타민 B군, 엽산이 모두 들어 있는 식품이 바로 달걀이다. 달걀이 완전식품이 아닌 '완전뇌식(완전한 뇌를 위한 식사-옮긴이)'이라 불리는 이유가 달걀이 뇌를 성장시키는 데 매우 좋고 편리한 방법이기 때문이다. 습관적으로 아침 식사에 곁들이면 좋다. 가능하다면 점심, 간식, 저녁, 야식 메뉴에도 꼭 집어넣자. 키가 쑥쑥 자라는 중·고등학생에게는 하루에 3~5개 정도 먹이길 권한다.

아이가 고기나 달걀을 거부한다면 두부 같은 식물성 단백질이 중심인 식단으로 대체한다. 가쓰오부시나 날치, 마른 멸치로 우려낸 육수를 이용한 음식을 해주면 좋다. 이런 식재료에는 양질의 동물성 단백질이 포함되어 있다. 뇌과학자 중에는 이런 육수를 물 대신 마시는 사람도 있을 정도다.

학원에서 돌아와 빈속인 수험생 아들을 위한 저녁 식사로는 달걀 수프를 추천한다. 컵에 달걀을 넣고 따끈한 멸치 육수를 부어 소금 간만 하면 완성이다. 소금 간이 된 다시 팩이 있다면 팩을 뜨거운 물로 우려내서 달걀 물에 붓기만 하면 된다. 뇌는 잠자는 동안 기억을 정리하고 정착시키는데, 저녁으로 달걀 수프를 먹는다면 기억이 정착되는 데 확실히 도움이 될 것이다.

언젠가 대만 출신 모델이 인터뷰에서 이런 말을 했다. 어릴 적에 할머니가 예뻐진다며 매일 밤 달걀 수프를 만들어주셨는데 지금도 습관이 되어서 자주 먹는다고 말이다. 아이가 공복에 잠이 오지 않는다면 따뜻한 달걀 수프를 만들어주자.

단 음식 위주의 아침 식사는 인생을 망친다

식생활에서는 혈당 조절에 신경 써야 한다.

모든 뇌 활동은 화학적인 신경 신호로 이루어진다. 뇌신경 신호의 에너지원은 혈당이다. 당이 공급되지 않으면 뇌는 움직이지 않는다.

혈당치는 적어도 80 정도가 되어야 한다. 혈당치가 70을 밑돌면 사고가 정체되기 시작하고, 60을 밑돌면 몸이 나른해지고 만사가 귀찮아진다. 더 내려가면 몸에서 위험하다고 판단하여 혈당치를 올리는 호르몬을 끌어낸다. 혈당치가 40을 밑돌면 뇌는 활동을 멈추고 의식이 혼미한 상태에 이른다. 아드레날린을 비롯한 혈당치를 올리는 호르몬은 신경을 날카롭게 만들어 화를 잘 내게 된다.

저혈당 상태의 아이는 '주위에 무관심하고 나른한 것처럼 보이다가 갑자기 화를 내는' 모습을 보인다. 어떻게 하면 이렇게 위험한 저혈당 상태가 될까? 공복에 단 음식을 먹으면 생긴다는 사실을 아는지 모르겠다. 공복에 당류 위주의 음식을 섭취하면 갑자기 혈당치가 뛰어오른다. 급상승한 혈당치를 떨어뜨리기 위해 인슐린이 과잉 분비되면 일시적으로 혈당 수치가 내려간다. 이것이 저혈당 상태로, 이런 과정이 반복되어 일어나는 증상이 바로 저혈당증이다. 당을 섭취한 직후에는 활발해지는 듯하나 곧바로 혈당치가 내려가 의식이 혼미해진다. 의욕도, 호기심도, 집중력도 끌어올릴 여유가 없다. 어느 영양학 전문가는 등교를 거부하는 어린이의 대부분이 저혈당증이라고 경고하기도 했다.

아침밥은 속이 가장 많이 빈 상태에서 섭취하는 첫 끼니인 만큼 점심이나 저녁 식사보다 신경 써야 한다. 혈당치를 올리는 대표적인 음식은 희고 부드러운 빵, 디저트류, 과일류다. 팬케이크, 앙금 빵에 주스를 곁들인 아침 식사는 저혈당을 불러온다. 아침 식사를 거르면 오전 수업 내용은 거의 머릿속에 들어오지 않는다 해도 과언이 아니다. 단 음식 위주로 아침을 먹으면 몸과 마음이 점차 좋지 않은 방향으로 흘러간다. 물론 달게 먹어도 큰 영향을 받지 않는 체질도 있다. 하지만 내 아이가 단 음식을 자주 먹고, 감정 기복이 심하고, 화를 잘 낸다면 식생활부터 점검해보자.

아침 식사로는 밥이나 빵에 샐러드나 채소가 들어간 된장국, 청국

장, 달걀, 햄, 생선구이 등의 단백질 식품을 곁들이는 것이 이상적이다. 시간이 없는 날에는 달걀밥을 추천한다.

큰 키와 남자다움은 건강한 잠에서 온다

한창 성장기에는 식습관 외에도 신경 써야 할 것이 있다. 바로 한밤중에 스마트폰을 사용하는 습관이다. 어두운 밤에 망막에 가해지는 빛은 성장 호르몬이나 생식 호르몬 분비를 저해한다. 이런 호르몬이 밤에만 분비되는 것은 아니지만, 호르몬 중추 사령탑인 뇌하수체가 시신경과 직결되어 있어 '어두운 밤'이나 '밝은 아침 해' 같은 빛의 강약에 따라 균형을 조절하는 탓에 영향을 받는다.

큰 키와 남자다움은 사춘기의 건강한 잠에서 비롯된다. 한밤중, 특히 밤 12시 전후에 스마트폰이나 게임기를 사용하는 것은 특정 시기에 금지하는 것이 좋다. 덧붙이자면, 남자아이는 여자아이보다 조금 늦은 14세쯤부터 키가 급격히 자라기 시작한다. 인생에서 키가 160~180센티미터로 크는 기회는 생각보다 짧은 1~2년에 불과하다.

이 시기에 남성다움도 생긴다. 테스토스테론 분비량에 따라 생식

기관이 성숙해지고 변성기가 지나 무게감 있는 목소리, 굵은 목과 넓은 가슴의 남성다움이 완성된다. 더불어 경쟁심과 모험심이 가득한 시기가 닥쳐온다. 이 엄청난 시기는 안타깝게도 게임이나 SNS가 재미있어서 어쩔 줄 모르는 나이대기도 하다.

종종 중학생을 대상으로 뇌 성장에 대해 강의할 때가 있다. 일찍 자고 일찍 일어나는 것과 아침밥이 뇌에 얼마나 중요한지 말할 때, 여학생들은 경청하지만 대부분의 남학생들은 멍하니 있거나 딴 생각에 빠져 있는 모습이 역력하다. 그러나 그런 아이들도 일찍 자는 아이와 늦게 자는 아이의 키가 7센티미터나 차이 난다고 말하면 "와, 너무하네."라고 말하며 나에게 시선을 집중한다. '일찍 자라'고 백 번 말하기보다 이런 연구 결과를 말하는 것이 더 효과적이다. 누구라도 173센티미터보다는 180센티미터가 되길 원하니까.

이제 '의욕'을 불러일으키는 방법으로 돌아가자.

누구에게나 '싫어싫어 병'이 온다

갓 태어난 아기는 엄마가 보여주는 표정 근육이나 몸짓에 반응하며 하루하루를 보낸다. 출산을 경험한 엄마의 뇌내에서는 경계선이 붕괴되어 간다. 실제로 나는 생후 한 달 정도

된 아들이 모기에 물렸을 때 내가 간지러웠던 경험을 했다. 진짜로 간지러워서 피부를 박박 긁어댔다. 그 상황이 너무도 당혹스러웠지만 아이가 물려 빨갛게 부은 곳을 부드럽게 어루만져주니 간지럼이 사라지는 듯했다. 그때의 신비한 경험을 아직도 기억한다.

일시적으로 엄마와 아이의 의식 영역이 융합하며 더욱 일체화된다. 이런 일체화가 서서히 약해지고 점점 아이가 자신의 의지로 세상과 관계를 맺어가는 순간이 찾아온다. 바로 '싫어싫어 병'이 찾아오는 시기다.

갑 휴지에서 휴지를 하염없이 뽑아댄다. 미닫이문을 열었다 닫았다를 하다가 문을 부순다. 바닥에 떨어진 돌을 주워 입에 넣는다. 간장 종지에 손을 집어넣고, 하얀 옷에 손도장을 찍는다. 안 된다고 제지하면 더 반복하고, 해도 된다고 허락하면 "싫어!" 하며 반항한다. 생각대로 되지 않는 일상에 박차를 가하고 있던 엄마는 패닉 직전 상황까지 내몰린다. 실제로 폭발하는 경우도 왕왕 있다.

열차에서 이런 광경을 목격한 적이 있다. 어떤 아기가 장난감을 던지면 엄마가 주웠다. 공 던지기에 열광하는 반려견 주인처럼 아기는 엄마가 주워준 장난감을 집자마자 다시 던졌다. 그 엄마의 고생에 감탄해 마지않았다. 분명 내가 할 수 있는 영역은 아니었다.

지구에 온 것을 환영해

아들이 우유 컵을 연속으로 두 번이나 엎었어도 나는 화를 내지 않았다. 아들이 우유 컵을 넘어뜨리면 그 자리에 하얀색 작은 연못이 펼쳐진다. 서둘러 쏟아진 우유를 닦고 컵에 다시 우유를 부어주면 아들은 다시 엎지른다. 이때 '아차' 싶었다. 지구에 온 지 얼마 되지 않은 어린 아들의 뇌는 식탁에 펼쳐진 하얀 곡선을 띤 도형을 처음으로 인식했고, 난생 처음 보는 모양에 눈이 휘둥그레지는 체험 중이다.

가령 내가 무중력 상태에서 자란 인간으로 지구에 처음 내려왔다면, 식탁 위에 펼쳐진 하얀 도형은 분명 내 눈길을 사로잡았을 것이다.

'맞다, 여긴 이런 곳이야. 지구에 온 것을 환영해.'

이전에는 이 시기를 제1반항기라고 불렀다. 하지만 나는 '반항기'라는 말을 아주 싫어한다. 이런 행동은 반항이 아니라 엄청난 실험이기 때문이다. 뇌가 제 본능인 상호작용성에 눈을 뜨는 과정이다. 내가 한 행동은 주위에 어떤 형태로든 영향을 끼친다. 사물은 형태를 바꾸겠지만 인간이나 동물은 어떤 반응을 보인다. 뇌는 그 상호작용에 의해 주위가 어떤 환경인지를 인식하는데, 이것이 바로 뇌의 인터랙티브(interactive), 즉 상호작용성이다. 예를 들어 밀폐된 공간에서 소리를 내면 소리는 벽에 부딪혀 튕겨 나온다. 우리는 그런 상황을 통해 공간의 넓이나 내 위치를 알아차린다. 목소리 크기나 방향을 바꾸면 반응 또한 바뀐다. 우리는 이런 경험을 통해 소리를 어떻게 조절해야 할지 나름의 시스템을 뇌에 구축한다.

뇌의 장대한 실험

어떤 목소리를 내거나 행동했을 때 주위에 있는 물건이나 사람들이 반응을 보이면, 아이는 새로운 입력 값을 알아챈다. 이런 체험을 거듭하고 온갖 감각기관을 발휘해서 조절할 수 있는 나이는 2~4세 정도다. 비교적 피동적이던 아이가 능동적으로 바뀌고, 자신과 주변의 관계성을 구축하는 시기다. 엄마가 기겁하는, 하지 말았으면 하는 행동을 반복하는 '싫어싫어병'이 생기는 이 시기는 뇌의 실험기이기도 하다.

우유가 만들어내는 곡선 도형을 살펴보거나 장난감이 그리는 포물선 운동을 즐길 때 유아의 뇌 속은 실험을 반복하는 물리학자와 크게 다르지 않다. 이런 호기심에서 발동하는 실험과 결과를 확인하는 무한 반복의 시간은 지켜주자. 이런 실험을 못 하게 하고 호기심을 차단하면서 커서는 공부에 집중하라고 한다면 어폐가 있지 않은가. 내 아이가 공부 머리가 있는 아이로 자라길 바란다면, 위대한 지구 실험을 가만히 지켜보자.

아들은 우유 컵을 엎어서 만들어지는 하얀 도형을 관찰한 뒤로 어른이 될 때까지 더 이상 우유를 엎지르지 않았다. 그 두 번으로 족했던 모양이다. 갑 휴지 뽑기도 세 통으로 끝났다. 우리집은 할머니들 덕분에 휴지에 관해서만은 관대했다. 아이가 마구 뽑아대는 갑 휴지를 뺏으려 하면 시어머니와 친정 엄마는 나를 말렸다. 뽑는 모습이 귀엽다며 할머니들은 박수를 쳤고, 뽑힌 휴지들을 큰 비닐봉지에 모아 두었다가 나중에 썼다.

만 2세 아이의 실험기에 폭발하는 호기심과 실험 의욕을 호의적으로 받아들이자. 이것이 아이의 의욕을 키워주는 첫걸음이다. 호기심이 발동하면 발동하는 대로 행동해도 좋다고 뇌리에 입력할 수 있게 도와주자.

질문 공세를 즐기자

아이가 대여섯 살쯤이 되면 "이게 뭐야?" "왜?" 같은 질문 공세가 시작된다. 이른바 실험기가 지나고 나면 찾아오는 '질문기'다.

신주쿠 역에서 전철을 기다리던 중에 마침 빨간 레트로풍 열차가 플랫폼으로 들어왔다. 그 모습을 보고 대여섯 살쯤 되어 보이는 여자아이가 "저건 왜 빨간색이야?"라고 엄마에게 물었다. 엄마는 휴대전화를 보느라 아이의 말을 흘려들었지만 아이는 포기하지 않았다. "엄마, 엄마! 왜 빨간색인데?"라고 소리를 높였고 화가 난 엄마는 "몰라도 돼."라고 잘라 말했다. 여자아이는 그대로 입을 다물었지만 반짝이는 눈망울은 계속 열차를 주시하고 있었다.

나는 마음속으로 그 아이의 질문하는 능력을 응원했다. 내가 대신 대답을 해줘도 됐지만 쓸데없는 참견을 했다가는 아이가 나중에라도 엄마에게 무슨 말을 듣지나 않을까 걱정되어 그만두었다. 나중에 아빠에게라도 물어서 궁금증이 해결되었을지도 모를 일이다. 아이의 뇌에 그 정도의 저장 능력은 있으니 말이다.

특히 여자아이들은 포기를 모르니 가끔은 이런 일이 있어도 괜찮다. "넌 몰라도 되는 일이야."라는 대사가 내 귀에 꽂히긴 했지만 커뮤니케이션 능력이 강한 여자아이의 뇌는 이런 말에 기 죽지 않는다. 그러니 엄마가 이렇게 말할 수도 있다고 일면 수긍이 갔다.

가능하면 이 시기 아이들의 질문을 잘 받아주자. 특히 '스스로 표현하기'가 서툰 남자의 뇌는 큰 맘 먹고 꺼낸 질문을 제지당했을 때 큰 충격을 받는다. 정확한 답을 해주지 못하더라도 괜찮으니 반응해주자. 질문을 받아주고 공감해주면 된다. 적어도 "그렇구나, 왜 빨간색일까?"만 해줘도 좋다.

아이의 갑작스러운 질문에 답하기 힘들 때도 많다. 하늘은 왜 파

란색인지, 무지개는 왜 일곱 색깔인지. 이 정도는 인터넷 검색만 해도 나오지만 사람은 왜 죽는지, 생명은 어디에서 왔는지 같은 심오한 질문에 단번에 답하는 부모는 많지 않다. 이럴 때는 주저하지 말고 그 질문을 기쁘게 받아들이자.

"와! 멋진 질문이야. 엄마도 잘 모르지만 알게 되면 꼭 알려줄게."

이런 대화 방식을 터득한다면 아이의 질문 공세도 전혀 성가시지 않다.

넌 어떻게 생각해?

시간 여유가 있다면 아이의 질문을 받고 "넌 어떻게 생각해?"라고 되묻는 것도 재미있다.

아들이 그림책 속 무지개를 가리키며 물었다.

"무지개는 왜 일곱 색깔이야?"

나는 아들에게 되물었다.

"왜 그런 것 같은데?"

그러자 아들이 방긋 웃으며 대답했다.

"있잖아, 하느님은 무엇을 볼 때 7가지로 나누는 것 같아."

무지개는 수증기층이 프리즘 역할을 하며 빛을 분해하여 만드는 천체 쇼다. 빛의 띠는 이음새 없는 그러데이션 색채로 이루어져 있어서 뇌가 색깔을 감지하는 정도에 따라 다섯 색깔로 나누기도 하지만 더욱 세밀하게는 여덟 색깔로 나누기도 한다. 그래서 예로부터 민족마다 인지하는 무지개 색상이 조금씩 달라도 대부분 일곱 색깔로 구분했다. 대부분의 사람들이 무지개 빛깔을 일곱 색깔로 인지하는 이유는 사실 뇌의 특성 때문이다. 뇌에는 순간적인 인지를 위해 사용하는 초단기 기억 장소가 있는데, 그 공간이 일곱 개인 사람이 대부분이다. 인간의 뇌가 세상을 '7개의 속성'으로 보도록 만들어져서 무지개가 일곱 색깔로 보이는 것이다. 이것이 뇌의 인지 구조를 아는 사람의 대답이다.

성서에는 '지혜의 일곱 기둥'이라는 내용이 나온다. 《구약 성서》 잠언 9장 1절 첫머리에 '지혜의 여신은 7개의 기둥을 다듬어 그 궁전을 지었다(Wisdom hath builder her house, she hath hewn out her seven pillars)'라는 문장이 나온다. 이 말은 뇌과학이나 인지심리학을 공부하는 사람들에게 큰 충격을 준다. 실제로 뇌내에는 '7가지 인지 구조'가 존재한다. 그래서 뇌과학자 엄마는 어린이집을 다니는 아이가 아무렇지 않게 했던 대답에 놀라게 된다. 뇌에 '7가지 인지 구조'가 있다는 것을 고대인들도 알았고, 어린 아들도 눈치 챈 것이다. 이렇듯 뇌란 기적으로 가득한 기관이라 끊임없이 감탄하게 된다. 그래서 육아 또한 끊임없이 재미있다.

아이가 깨달을 때까지 기다리자

가끔 아이가 던지는 질문에 숨은 기적을 발견하게 된다. 그러니 꼭 "넌 어떻게 생각해?"라고 되묻는 습관을 들이자.

"얼룩말은 왜 얼룩무늬야?"

"넌 왜 그런 거 같은데?"

"얼룩을 좋아하니까."

이런 식으로 아이의 대답 중 100에 99는 말도 안 된다. 기적이란 게 그리 자주 일어나진 않으니 너무 기대는 하지 말자. 그렇지만 어떤 대답이 돌아와도 어이없어하지 말고 잘 받아주자.

"그렇구나. 암컷 얼룩말은 얼룩무늬를 좋아해서 얼룩무늬가 확실히 그려진 수컷이 인기가 있나보다. 그러니까 얼룩무늬가 확실한 아기가 태어나네. 진화의 섭리잖아. 하지만 왜 암컷은 얼룩무늬를 좋아할까?"

"멋지니까."

"왜 멋지다고 생각할까?"

"얼룩이니까."

이렇게 결론이 나지 않고 끊임없이 반복되는 대화는 호기심을 불러일으킨다. 이때가 바로 전략적인 사고력이 발달하는 시간이다. 어디까지나 호기심을 불러일으키며 즐기는 행동은 감각을 향상시키는 기본자세다. 마지못해 하는 과제는 뇌의 진화를 완만하게 진행시킨다.

요즘은 두뇌가 호기심을 느끼기도 전에 쉼 없이 주제를 던져주며 자극하는 '뇌 훈련' 교육 프로그램도 있다는데, 그다지 추천하고 싶진 않다. 프로그램 콘텐츠 자체는 괜찮겠지만, 아이가 주변의 풍경을 주시하다가 자연스레 무언가를 알아차리고 질문을 던지는 일련의 과정이 가장 이상적이다. 어른이 되어 사업을 계획할 때도 알아차리는 능력이 있어야 무엇이든 시작할 수 있다. 사고력을 스스로 깨우치는 과정이 필요하다. 그래서 아이가 그것을 터득할 때까지 기다려야 한다. 이것이 우리집 교육 방침이다.

학습의욕을 꺾는 선행학습

아들은 숫자와 글자를 거의 모르는 상태로 초등학교에 입학했다. 선행학습을 하고 학교에 들어가면 지루해할 것 같았다. 학교는 아는 것을 확인하거나 이미 안다고 과시하러 가는 곳이 아니니까.

나의 아버지도 같은 말씀을 하셨고, 나 또한 이름도 쓸 줄 모르는 상태로 초등학교에 들어갔다. 덕분에 국어 교과서 첫 장을 지금까지도 거의 다 외운다. 첫 페이지 한가운데에는 여자아이가 손을 들고 있는 그림이 있었고, 오른쪽 위에는 '하루미 씨', 왼쪽 아래에는 '네'라는 글자가 적혀 있었다. 선생님이 이 부분을 읽어주었을 때 나는 황홀함을 느꼈다. '하루미 씨'의 첫 소리와 '네'의 첫 소리가 같다는 사실, 그것을 '하'라는 신호로 일원화할 수 있다는 사실이 나를 흥분시켰다. 또 수학 시간에는 튤립 꽃송이와 사탕으로 더하거나 뺄 수 있다는 것을 알고 희열을 느꼈다. 만약 조금 이른 나이에 부모님이 숫자와 글자를 '신호'로 암기시켰다면 나는 분명 그렇게까지 감동하지는 않았을 것이다.

문자도 숫자도, 눈앞에 보이는 삼라만상 모든 것이 하나의 법칙으로 묶여있다. 이런 재미는 나에게 학문의 진수로 다가왔고, 그 소녀는 나중에 물리학도가 되었다. 나는 이 세상 모든 것을 단 하나의 식으로 표현하려는 추상의 극치인 학문에 그렇게 빠져들었다.

7과 8을 더하면 15인 거 알았어?

나는 학교에 들어가서 학문을 스스로 깨우칠 수 있었음에 감사함을 느낀다. 그래서 아들도 같은 과정을 겪길 바라며 취학 전에 일절 학습을 시키지 않았다.

초등학교 1학년 때 아들의 담임 선생님이 말했다.

"수학 시간이 끝날 쯤에 이 문제만 풀면 쉬는 시간을 주겠다고 했어요. 다른 아이들은 빨리 끝내고 운동장으로 향하는데 구로카와 군은 문제 푸는 게 재미있는지 하나하나 천천히 풀더군요. 이런 경우도 있구나 싶었어요. 쉬는 시간이 끝나고 다음 수업이 시작할 때가 돼서야 '화장실'을 외치며 달려 나간 적도 있어요."

선생님 앞에서 실례지만 나는 '풋' 하고 웃고 말았다. 선생님은 따라 웃으며 말했다.

"채근해야 할지 그냥 둬도 될지 몰라서 어머님을 모셨어요."

멋진 선생님이다. 당연히 난 이렇게 대답했다.

"그대로 두시면 안 될까요?"

어느 날 아들이 낄낄 웃으며 집에 들어왔다.

"엄마. 있잖아, 7하고 8을 더하면 15인 거 알았어?"

이렇게 물으면서 웃는 아들을 보며 나도 덩달아 웃으며 대답했다.

"엄마는 31년 전부터 알았지. 그게 왜 그렇게 웃겨?"

"아니, 7하고 8은 어중간한 숫자잖아. 그것도 어중간한 느낌이 조금 달라. 그런데 둘이 더하면 딱 맞게 15잖아."

그러면서 아들은 배꼽이 빠지게 웃는다. 아들은 손가락을 사용해 더하기를 하는 것 같았다. 손가락 2개와 3개, 어중간한 손가락이 더해져서 다섯 손가락이 되는 매직이 꽤나 재미있었나 보다.

나는 이때 무릎을 쳤다. 이것이 숫자와 만나는 절묘한 타이밍이다. 걸음도 느리고, 중학교 입학 준비는커녕 대학 입시는 꿈도 못 꾸는 속도지만 그래도 괜찮다. 대학을 정시에 못 들어가면 어떠랴.

나와 아들의 초등학교 시절과 지금은 사정이 많이 다를 것이다. 숫자와 글자를 모두 깨우치고 입학하는 것이 당연하고, 초등학교 선생님이 그것을 전제로 수업하는 것이 현실이라면, 안타깝지만 우리 모자가 했던 방식은 답습할 수 없다. 그렇지만 현실이 그렇다 해도 너무 무리하진 말자. 그냥 이런 방법도 있다고 알아두면 좋겠다. 이렇게 느긋하게 굴어도 큰일 나지 않는다는, 마음의 보험이라고 생각하자.

목욕 중 발견한 과학 원리

학교 성적은 평범했지만 아들은 초등학교 2학년 때 부력의 원리를 발견해냈다. 어느 날 목욕을 하다가 급히 나를 찾는 소리가 들렸다. 욕조에서 무슨 일이라도 생겼나 싶어서 급하게 달려가니 아들이 흥분한 채로 말했다.

"엄마! 나 지금 방귀 꼈어. 그랬더니 거품이 올라왔어."

온 세상 사람들이 다 아는 사실을 발견한 아이에게 나는 영혼 없이 대꾸했다.

“그렇구나.”

그러자 아들이 덧붙였다.

“거품에는 떠오르는 힘이 있나본데, 물에도 거품을 밀어 올리는 힘이 있네.”

이 또한 온 세상 사람들이 아는 부력, 정확히 말해 ‘아르키메데스 원리’이지만 그것을 스스로 깨우친 초등학생을 보는 것은 처음이었다.

“맞아. 우리 아들은 2,500년 전에 태어났으면 전 세계에 이름을 남겼을 거야. 아르키메데스가 아니라 아들 이름으로 말이야.”

아들은 또 욕조에서 표면장력을 발견했다.

“엄마! 목욕물이 처벌처벌해.”

내가 청소를 대충 해서 미끄럽다는 뜻인가 했는데 아이는

“이렇게 손바닥을 올리면 물이 따라 올라와.”

라고 말하며 손바닥을 물 표면에 찰싹하고 붙였다 수평으로 들어 올리는 동작을 했다. 덧붙여 “물에는 한데 뭉치려는 힘이 있는 게 아닐까?”라고 말했다.

“아, 잘 찾아냈네! 맞아, 네 말대로야. 물에는 하나로 뭉치려는 성질이 있어. 네가 발견한 것을 표면장력이라고 해. 컵에 물을 찰랑찰랑 부었을 때 조금 솟아오르잖아? 그거랑 같아.”

“아~ 엄마가 제일 좋아하는 맥주 말이야?”

그건 조금 다른 이야기이지만 거품의 계면활성 성분에 관해서는 내가 설명을 잘할 자신이 없어서 "그렇지."라고 얼버무렸다. 표면장력과 계면활성의 관계는 언젠가 학교에서 알아내길 기대하면서.

나는 이렇게 재미있는 부분만 아이와 공유했다. 학교는 빠짐없이, 그리고 편견 없이 내 아이에게 지식을 전달할 것이다. 그래서 학교는 정말 감사한 곳이다.

학교는 왜 가는 걸까?

앞에서도 말했지만 남자의 뇌는 목표지향 문제해결형이라는 사용법을 우선시한다. 순간적으로 먼 곳을 보고 미련 없이 목표를 향해 간다. 물리 공간에서 일어나는 이런 습성은 사고 공간에서도 똑같이 일어난다. 그래서 남자들은 대화를 시작할 때 이야기의 최종 목표인 결론이나 목적을 알고 싶어 한다. 목표를 모르면 정신이 산만해지고 상대방이 하는 말은 모기 소리처럼 들린다.

이런 뇌의 습성을 알고 있던 나는 아들이 초등학교에 입학할 때 어린 남자의 뇌에 노란 모자를 씌워주며 이제부터 시작되는 학교생활의 목표를 알려줘야 했다. 아들에게 이렇게 전달했다. 사실은 아주 장황한 이야기였지만 요약하면 다음과 같다.

"넌 이제부터 여러 과목을 배울 거야. 국어, 수학, 과학, 사회 같은 것은 과목을 통해 세상을 바라보는 법을 배우는 거야. 여러 가지 방법을 학교에서 알려줘. 나중에 커서는 그중에 한두 개를 가지고 세상을 보면서 살아. 수학을 고르는 사람도 있고 음악을 고르는 사람도 있어. 하지만 어릴 때는 어떤 게 나한테 잘 맞는지 모르잖아. 그래서 학교에서 알려주는 과목을 모두 배우는 거야. 사물을 보는 방법을 여러 개 가지는 거야. 그래서 공부를 하는 거란다."

사물을 바라보는 방법을 알기 위해 배운다. 이렇게 정하면 잘 못하는 과목일수록 소홀히 하지 못한다. 그 과목에 내가 가지지 못한 '새로운 세상을 보는 시각'이 담겨 있을지도 모르기 때문이다. 그래서 좌절도 많이 해보는 것이 좋다. 사물을 바라보는 방법이 더욱 깊어지니까. 더불어 '왜 사회에 나가서는 쓰지도 않을 미분과 적분을 배워야 하는가'와 같은 의문을 갖지 않게 된다. 이런 목표만 있다면 서툰 부분이나 좌절도 긍정적으로 바라보게 되고 헤맬 일도 없다. 이런 사고방식은 배울 때 편하기도 하고 여러모로 만사형통이다.

가정마다 각각의 목표가 있으면 좋다. '좋은 성적을 받아서 좋은 대학에 가자', '의사가 되겠다'라는 똑 떨어지는 목표 또한 부모 자식 간에 즐겁게 공유할 수 있다면 괜찮다.

남자의 뇌는 목표가 있어야 살기 편하다

남자아이에게는 목표 아니면 롤모델이 필요하다. 초등학교나 길거리에 위인들의 동상이 있는 이유가 이 때문이다. 동상과 같은 롤모델을 보며 '이렇게 훌륭한 사람이 되자'라고 마음먹으면 남자의 뇌는 안심하게 된다.

덧붙이자면 여자의 뇌는 과정을 순수하게 즐긴다. 지금 내 눈앞에 있는 것, 시험이나 소풍, 운동회에 집중하는 사이에 시간이 흐른다.

좋아하는 남자아이를 만나러 가는 동기만으로도 충분히 학교에 다닐 만하다. 그래서 무심결에 '훨씬 먼 미래의 목표'를 아들에게 심어주는 일을 잊어버리기 쉽다. 이는 아들의 엄마로선 잊지 말아야 할 부분이다. 왜냐하면 남자의 뇌는 목표가 멀고 높을수록 현재를 즐겁게 살 수 있기 때문이다. 오타니 쇼헤이 같이 유명한 야구선수가 되겠다는 멀고도 높은 목표와 의지가 있다면, 오늘 해야 하는 스윙 연습 천 번을 견딜 수 있다.

목표가 커야 하는 이유

아이가 구구단을 외울 때의 일이다. 2단을 끝내고 한숨 돌리던 아이에게 "이제 3단 하자."라고 말하자 갑자기 풀이 죽으며 "이거 다 끝난 거 아니었어?" 하고는 고개를 푹 숙였다. 이것 봐라, 이런 것이 남자의 뇌다. 다 왔다 생각했던 지점이 진정한 목표점이 아니라는 사실을 알았을 때 의욕이 확 꺾인다. 너무 쉬운 목표를 정하면 달성할 때마다 의욕이 계속 떨어지게 된다. 그러니 남자아이의 목표지점은 멀고 커야 한다.

여자아이라면 장미를 꺾은 다음에 "어머, 튤립도 있네." 하고는 앞으로 더 나아갈 수 있다. 2단을 다 외우고 폭풍 칭찬을 받은 다음 "뭐야, 3단도 있었네? 그럼 다시 시작해야지."라고 시도할 수 있다.

아마도 9단까지 하고 사실은 10단도 있다는 말을 듣는다 해도 여자 아이는 그리 충격을 받지 않을 것이다. 여자들이 앞을 가늠할 수 없는 위기 상황에서 강한 이유도 이 때문이다. 지진, 홍수, 산사태와 같은 자연재해에서도 여자들이 가장 열심히 움직이고 마을이 붕괴되어도 "어쨌든 저녁밥을 짓자."며 일어설 수 있는 행동력은 여자 뇌의 가장 큰 장점이다.

남자의 뇌는 어려운 상황이 닥치면 어둠의 나락으로 떨어진다. 살아갈 기력조차 잃는 경우도 있다. 그럴 때 물을 끓일 준비를 하는 여자가 옆에서 땔감을 주워 오라고 엉덩이를 토닥이며 떠밀어주는 행동이 중요하다. 충격에 휩싸인 남자를 그냥 두지 말자. 특히 아들을 둔 엄마라면 말이다.

아이에게 구구단의 끝은 3단이 아니고 9단까지 있다고 알려주자, 아이는 절망의 구렁텅이에 빠진 얼굴을 했다. 그 표정을 보며 수학에 관한 아들의 목표지점을 훨씬 멀리 두어야겠다고 다짐했다.

"뭘 그렇게 놀라? 사실 더 많은데. 곱셈이 끝나면 그 다음은 나눗셈을 배워야 해. 그리고 분수랑 음수가 나오고 인수분해, 벡터, 미분이랑 적분. 네가 자연계열 대학원까지 간다고 치면 거의 17년 동안 수학이랑 함께 지내야 해. 그런데 거기까지 가야 우주를 알 수 있어."

2단에서 꺾여버린 아들에게 분수에서 미분, 적분까지 말하다니. 아들은 앞으로 가야 할 길을 종잡을 수 없었겠지만, 지금 외우고 있는 구구단이 앞으로 가야 할 먼 길을 위한 작은 걸음에 불과하다는 사실만은 확실히 알게 된 것 같았다. 아이의 얼굴에서 절망이 사라지고 희망의 빛이 보였다. 그 후 수학을 할 때만큼은 "또 해? 왜 해?" 같은 말을 하지 않았다. 문제를 풀 때마다 묵묵히 시간을 들여 풀었고, 대학원에서 물리학을 전공하여 자신의 언어로 우주를 이야기할 수 있는 남자가 되었다.

의욕이 없는 것이 아니라 목표점이 너무 가깝다

아들을 키울 때는 목표를 멀리 잡아야 한다. 미리 목표를 정해두면 매번 의욕을 북돋을 필요가 없어서 엄마도 편하고 아이도 지치지 않는다. 예를 들어 "뭐야, 3단도 있어?"라며 절망하는 아이에게 "툴툴대지 말고 얼른 시작해." 하고 부추기기만 하면 시간이 갈수록 동기는 줄어들고 엄마는 계속 재촉해야 한다. 이런 아이를 보면 엄마는 '의욕이 없다'고 판단하는데, 사실 의욕이 없는 것이 아니라 목표점이 너무 가까운 것이 문제다. 목표점이 너무 가까우면 최종 목표까지 여러 번 목표를 재설정해야 한다. 이런 반복이 남자의 뇌를 피폐하게 만든다.

수학을 17년 동안 해야 한다는 말을 들으면 여자들은 당장 그만

두고 싶어 한다. 여자의 뇌는 목표가 가깝고 작을수록 좋다고 느끼기 때문이다. 이에 비해 남자의 뇌는 설정한 목표에 집중해서 에너지를 쏟는 시스템이다. 설령 그 목표라는 것이 가위 바위 보에서 이기기와 같이 작은 목표라 해도 말이다. 도리어 멀리 있는 목표가 의욕을 자극한다.

엄마의 동경심이 아들의 뇌를 움직인다

최종 목표에 '엄마의 동경'이 더해진다면 더욱 효과적이다.

여자의 뇌는 자신의 기분을 파악하고, 주변 사람들의 기분을 맞춰주는 '공감'을 무엇보다 우선시한다. 여자는 소중한 사람이 어떨 때 기분이 좋아지는지를 항상 염두에 둔다. 맛있는 것을 먹고 싶다거나 먹이고 싶다, 기분 좋은 생각을 하고 싶다거나 하게 해주고 싶다, 아름다운 것을 보고 싶다거나 보여주고 싶다 등 이렇게 상대방을 기쁘게 하는 것으로 삶의 보람을 느끼기도 한다.

가벼운 우울증을 겪던 친정 엄마가 죽고 싶다며 밤중에 전화를 한 적이 있었다.

"엄마, 닭새우 들어간 된장국 아직 못 먹어봤지? 해녀들이 하는 가게에서 파는 거 말이야."

"아, 맞아. 그거 먹으러 가야지."

엄마는 이렇게 답하곤 푹 주무셨다. 벚꽃이 필 때면 꽃구경을 가고, 여름철에는 팥빙수를 먹고, 가을에는 산에 올라 단풍 구경을 하고, 겨울에는 눈 내리는 풍경을 구경하는 것. 여자들은 이런 자잘한 쾌감을 맛보며 살아갈 수 있다.

그러나 남자의 뇌는 그렇지 않다. 남자는 문제 해결을 가장 큰 의무로 여긴다. 문제를 해결하고 성과를 내는 책임과 임무야말로 뇌가 바라는 일이다. 그래서 정년퇴직한 남자는 의지할 데 없는 몸이 된다. 오랫동안 짊어졌던 사회적 의무에서 해방되자 두뇌라는 엔진이 돌아갈 이유를 잃어버렸기 때문이다. 그래서 정년퇴직한 남편에게는 책임과 의무를 줘야 한다. 내가 사는 동네에는 큰 축제를 준비하는 마을회 조직이 활발하게 운영되고 있는데, 이곳의 일이 퇴직한 남자들에게 안성맞춤 업무가 되었다.

남자의 뇌는 자신의 쾌감을 위해 움직인다. 부자가 되어 풍족한 삶을 살아도, 주위에 부러워하고 기뻐하는 사람이 없으면 계속 움직이지 않는다. 속된 말로 인기가 없으면 의미가 없다. 그래서 사회적 의무를 잃은 남자의 뇌 옆에는 그게 먹고 싶다, 거기에 가고 싶다, 이게 필요하다, 이거 해, 이렇게 말해주는 끊임없는 쾌감 머신인 여자의 뇌가 반드시 필요하다. 사회적 책무를 짊어진 젊은 남자의 뇌 옆에도 별도로 챙겨주는 여자의 뇌가 필요하다. 운명의 반려자를 만나기 전까지는 엄마의 동경심이 남자의 뇌를 움직인다.

"오타니 쇼헤이, 멋지다."라는 엄마의 동경심은 야구선수를 꿈꾸는 소년이 힘겨운 훈련을 견디게도 만든다. 어쩌면 남자아이가 정한 롤모델이란 원래 엄마가 좋아하던 상대가 아닐까. 이로 미루어볼 때 '엄마의 동경'이 남자아이의 의욕을 키운다고 해도 과언이 아니다. 그러니 아들 엄마인 우리들은 상상력에 날개를 달아야 한다. 최소한 꿈꾸는 힘을 가득 탑재한 아들의 반려자가 나타나기 전까지는 말이다.

어떤 아이가 최고가 되는가

친구 중에 프로 골퍼가 있다. 탁월한 운동 철학으로 NHK 골프 교실에도 출연하며 지도자로도 이름을 알렸다. 몇 년 전, 여자 골퍼들이 큰 활약을 하며 화제를 모으던 때 같이 식사를 한 적이 있었다.

"요즘은 골프 교실도 인기지?"

"맞아, 어린이 교실도 몇 년 기다려야 해."

많은 아이들이 그녀의 골프 철학에 귀를 기울이는 모습을 상상하자 갑자기 질문이 떠올랐다.

"어떤 아이가 최고 선수가 될까?"

"누구에게든 기회는 있어. 골프는 전인적인 스포츠니까. 공중 4회전을 하는 것도 아니라서 특별한 신체능력이 필요하진 않아. 하지만…… 이런 부모를 둔 아이는 힘들다는 말은 확실히 해줄 수 있어."

"어떤 부모가?"

나는 한 아이의 엄마로, 뇌 인지능력을 연구하는 과학자로서 귀를 쫑긋 세웠다.

"결과에 너무 신경 쓰는 부모. 부모가 결과에 일희일비하면 아이는 실패를 두려워하게 돼. 부모는 아이보다 실망하거나 기뻐해서는 안 되는 거야."

그의 대답이 내 마음을 관통했다. 그의 말은 내 전공 분야인 인공지능 분야와도 관련이 있기 때문이었다.

실패를 두려워할 필요는 없다

인공지능에는 학습 기능이 탑재되어 있다. 성공 사례를 잘 정리해서 인공지능에게 학습시키면 학습시간이 단축된다. 가끔 실패해서 회로에 충격이 가해지면 잠시 혼란을 겪고 학습시간도 길어진다. 대신 전략 능력은 현격히 향상된다. 한 번도 실패하지 않은 인공지능은 정형화된 업무는 확실히 완수하지만 새로운 사태에 대한 대응력이 부족하다. 반면 실패를 경험해본 인공지능은 새로운 길을 개척할 수 있다.

인간도 마찬가지다. 요령 있게 상황을 정리하고, 재빨리 편차를 줄이고 맡은 바 업무에 매진하는 엘리트를 만들어낼 수도 있다. 하지만 시간을 들여 천천히 실패를 경험하는 개척자를 만들어낼 수도 있다. 부모와 아이 모두 수용능력이 충분하다면 양쪽 모두를 목표로 삼을 수 있다.

우리 두뇌는 실패하거나 아픈 경험을 하면 그날 밤 자는 사이에 실패에 사용한 관련 회로의 역치(閾値, 생체 반응을 일으키는 계기의 최저 라인)를 끌어올려 신경 신호를 전달하기 힘들게 만든다. 다시 말해 그 회로는 '순간적으로 신호가 흐르기 힘든 장소'가 되어 결과적으로 실패하기 힘든 뇌로 전환한다는 뜻이다. 필요 없는 장소가 어디인지 아는 과정은 뇌를 활성화시키는 최고의 수단이기도 하다.

뇌가 하는 주요 업무는 그때마다 필요한 회로를 재빨리 선택하는 일이다. 필요 없는 장소가 어디인지 파악하고 선택지를 줄이는 작업은 감각이 좋은 뇌를 만들어낸다. 실패를 두려워하지 않는 자세야말로 전략 능력을 비축하고 모험을 떠나는 남자의 뇌를 성장시키는 엄마의 중요한 소양이다.

아들 엄마는 용기가 있어야 한다

여자의 뇌는 잠재적으로 실패를 두려워한다. 실패를 허락하지 않는 육아 상황 때문이다. 사냥에 나선 남자는 실패하더라도 자신만 죽고 끝난다. 그러나 유전자는 남는다. 여자의 경우 육아에 실패하면 미래가 불투명해진다.

뇌는 생태계로써의 본질, 다시 말해 유전자의 계승을 인지할까? 아니다. 실패를 두려워하지 않는 남자와 실패를 두려워하는 여자의 자연스러운 조합이 자손의 수를 늘렸다. 실패에 대한 두려움에는 남녀 간에 차이가 있다. 그래서 실패를 두려워하지 않고 과감하게 성장하는 남자의 뇌가 가장 먼저 만나는 브레이크가 바로 실패를 두려워하는 엄마인 경우가 상당수다.

남자아이의 엄마는 용기가 있어야 한다.

아들은 대학원을 졸업하고 혼자서 떠난 네팔 여행길에서 오토바이로 산 하나를 넘었다. 아들은 사전에 여행 계획을 알렸다.

"히말라야를 보고 싶어요. 히말라야 산은 6,000미터를 넘어서 평지에선 정상이 보이지 않아요. 적어도 2,000미터쯤 되는 산에 올라야 보이는데 오토바이로 올라갈 수 있대요."

나는 곧바로 인터넷 검색을 통해 가드 레일도 없는 갓길을 오토바이가 튀어 오르며 지나가는 영상을 보게 됐다. 좁다란 갓길 옆은

낭떠러지 절벽이었다.나는 당황스럽지만 내색하지 않고, 아들에게 무슨 일이라도 생기면 데리러 가야 하니 유효기간이 얼마 남지 않은 여권을 갱신했다.

아들의 성인식 날, 나는 이렇게 선언했다.

"오늘부터 네 목숨은 네 거야. 엄마는 너를 어른으로 키운 것으로 충분히 행복했어. 이제부터 엄마는 신경 안 써도 돼. 모험에 목숨을 걸어도 저기 있는 누군가에게 네가 목숨을 내어준다 해도 그건 네 자유야."

이제 와서 가지 말라고 말릴 권리가 없었다. 하지만 그때까지 작은 모험과 실패를 태산처럼 해온 아들이었기에 나도 믿는 구석이 있었다.

아이를 키우고 있는 내 친구들은 기가 차다는 듯 말했다.

"용케도 그런 용기를 냈네. 아들내미 용기보다 보내주는 네 용기에 감동했어."

아들이 첫 모험을 떠나기 위해 쥐어짠 용기에 비하면 내가 아들을 그냥 보내주는 건 아무 것도 아니었다.

공포 '리미터' 제한선을 극복한 날

아들의 중학교 3학년 봄방학 때 일이다. 아들은 6개월 동안 만반의 준비를 한 끝에 100킬로미터 자전거 여행을 떠났다. 지금 생각하면 너무도 귀여운 수준의 모험이었다. 그날 새벽, 아들이 탄 자전거가 덤프트럭 뒷바퀴에 깔리는 꿈을 꿨다. 나는 소리를 지르며 눈을 떴다. 밖은 아직 어두웠고 보슬비가 내리고 있었다.

언뜻 바라보니 거실에 불이 켜져 있었고 아들이 준비운동을 하고 있었다. 나는 '가지 마!'라고 외치고 싶은 마음을 가까스로 부여잡고 말했다.

"비 오는데 가게?"

"이런 날씨가 자전거 타기에 딱이야. 탈수증도 안 오고 좋아."

나는 지금도 현관을 나서던 아들의 등을 선명하게 기억한다. 그때를 떠올리면 지금도 가슴이 찢어질 듯 아프다. 나는 뒤에서 아들를 와락 껴안고 못 가게 말리고 싶은 마음을 필사적으로 눌렀다. 그때 나에게는 어떤 확신이 있었다. 다정한 아들은 내가 말렸다면 분명 가지 않았을 것이지만, 그 후 두 번 다시는 모험 여행을 떠나지도 않았을 것이다. 엄마의 두려움은 아들의 발목을 잡고 싱싱한 모험심마저 앗아간다. 모험심은 비록 부상을 당한다 해도 남자로서 잃어서는 안 되는 중요한 무엇이다.

아들를 배웅한 후 나는 현관에 쪼그리고 앉아 몸을 떨면서 울었다. 다소 과장하자면 전쟁터에 아들을 보내는 엄마의 심정을 알 것 같았다. 오늘도 세상의 많은 엄마들은 아들을 떠나보낸다. 떨리는 손을 뒤로 감추고서 전쟁터 또는 위험한 현장으로 보낸다. 이제 아들은 스스로 선택한 사명을 위해 목숨을 바치게 된다. 남자의 엄마란 상당히 잔혹한 업이다.

그날 아침 나는 이 세상에 존재하는 모든 '아들을 둔 엄마들'과 이어진 기분이었다. 그러고 보니 언제였던가. 시속 300킬로가 넘는 바이크 레이스(motoGP) 분야 세계 최고령 레이서의 어머니는 인터뷰에서 항상 "천천히 달려. 안전 운전해."라고 말하며 아들을 배웅한다고 말했다. 그 이야기를 듣고 웃었는데, 이제는 웃을 수 없게 됐다. 아들이 모험을 떠나던 그날을 기점으로 내 안에서 무언가가 툭하고 끊어져 나가, 네팔에서 산을 넘는다는 말을 들어도 만일의 사태를 생각할 정도로 담력이 커졌다. 지금은 "미쳤어? 나 말고 뭐에 목숨을 건다고?!"라고 등짝을 때리며 혼내줄 반려자도 있으니 조금은 안심이 된다.

남자의 엄마가 된 이상, 떨리는 손을 부여잡고 아들을 배웅하는 순간이 분명 찾아온다. 그것의 규모는 문제가 되지 않는다. 엄마의 성향에 따라서는 아들이 처음으로 놀이기구를 향해 갈 때가 그런 순간처럼 느껴질 수도 있다. 옆에서 보면 별로 큰일이 아니지만 엄마에게는 '공포의 리미터', 제한점을 벗어던지는 위대한 순간이다.

물론 아들은 무턱대고 달려들지 않고 모험을 떠나기 전에 만반의 준비를 마쳐야 한다. 모든 준비가 끝난 상태에서 엄마의 두려움만이 남았다면, 아무쪼록 용기를 쥐어짜내기 바란다. 이 세상에 아들을 둔 모든 엄마의 마음은 똑같다. 그 연대감을 믿어라.

단, 이것 하나만은 지키자. 목숨을 건 모험에 나서기 전에 작은 실패를 많이 경험하게 하라. 모험의 정도에 따라서는 오싹한 상처를 동반한 중간 강도의 실패 경험이 필요하다. 실패해본 경험이 없는 두뇌는 거대한 모험을 견디지 못한다.

확신은 칭찬을 이긴다

실패를 하면 센스, 즉 감각을 얻게 된다. 생각지도 못한 새로운 상황이 닥쳤을 때, 감각이 좋은 뇌는 헤매지 않고 답을 찾는다. 이때 타인의 인정은 중요하지 않다. 확신은 칭찬보다 훨씬 기분을 좋게 만들기 때문이다. 헤매지 않고, 의심하지 않고, 토라지지 않고, 도망가지 않고, 다른 사람의 눈도 신경 쓰지 않고 살아가면서 얻는 쾌감은 모든 칭찬을 이긴다.

나는 아이가 이런 확신을 가졌으면 했다. 확신을 가지지 못하면

'승인'과 '칭찬'을 갈구하며 타인의 기대에 부응하기 위해 살아가는 사람이 된다. 타인의 뜻대로만 살면 영원히 확신에 이를 수 없으니 더욱 더 절실히 인정을 받으려다 생지옥을 맛볼 수 있다.

확신에 이르기 위해서는 실패를 거듭해야 한다. 뇌는 그렇게 만들어져 있다. 그러니 실패를 겁내거나 두려워하지 마라. 아이의 실패를 따지고 드는 일은 생각조차 하지 말자.

다만 실패에 둔감해서는 안 된다

실패는 두려워할 일이 아니다. 그렇다고 실패에 태연해서도 안 된다.

가슴이 뻐저리지 않으면 뇌는 실패했다고 인지하지 못해서 회로 전환이 이루어지지 않는다. 일이 잘 풀리지 않을 때 "저 사람 탓이야." "세상이 잘못됐어." "운이 없어."라며 남 탓만 하면 두뇌는 '자신의 뇌에 입력할 실패'로 인지하지 않고 전환하지 않는다. 힘든 경험을 어렵게 했는데 얻은 것이 없다면 너무도 아깝다.

나는 젊은 사람들에게 "타인의 실패조차 가로채라."고 조언한다. 타인의 잘못이 명백해도 "내가 할 수 있는 일이 있었을 텐데."라고 원통해하라고 말한다. 그러면 타인의 실패도 내 뇌의 감각으로 바꿀 수 있다.

쿨하게 실패를 인정하고, 경우에 따라서는 남이 한 실패까지 가로채서 뻐저리게 아파하자. 그렇다고 후회를 계속 곱씹을 필요는 없다. 오늘밤 내 머리는 좋아질 것이라고 굳게 믿으며 편안하게 잠들면 된다.

실패를 두려워할 필요는 없다고 했지만, 목숨을 거는 일이나 기업 경영자 입장에서 실패란 쉬이 허용되지 않는다. 그래서 알맞은 취미를 찾으면 좋다. 실패를 늘리기 위한 아이템을 취미로 삼으란 뜻이다. 예를 들어, 돈을 내고 실패를 경험하는 경우가 그렇다. 그러니 항상 의지는 높게, 결과에는 둔감할 수 있도록 연습하자. 그러면 점점 타인의 시선을 신경 쓰지 않게 된다. 나는 42년째 사교댄스를 하고 있지만 아무런 부담 없이 기분 좋게 즐긴다. 딱 두 발짝 내딛는 기본 스텝인 내추럴 턴을 1시간 동안 연습하고 지적을 받아도 조금도 우울하지 않다.

'의지는 높게, 결과에는 둔감하게' 정신은 인생의 모든 장면에서 도움이 된다. 이런 정신을 바탕으로 사회에 나가면 어느 순간에 내가 제안한 기획이 통하고 사업 계획이 착착 진행되는 경험을 하게 된다. '어느 순간'이라는 말이 '곧바로'를 의미하지는 않는다. 실패의 경험은 그 나름대로 쌓이는 것이지만 실패를 "이런 식으로 온다 이거지"라며 음미하는 사이에 어느새 한 단계 올라가게 된다. 이렇게 뇌는 진화하게 되어 있다.

의지는 밑도는 결과에 집착한다. 다시 말해 실패를 회피하는 대신 결과에 연연한다면 두뇌 감각은 업그레이드되지 못하고 같은 자리만 계속 맴도는 격이 된다. 의지는 높게 결과에는 둔감하게. 실패를 겁내지 말고 타인의 평가에 신경 쓰지 말자. 단, 실패는 확실히 마음 아파하자. 그리고 밤에는 평안히 잠들자.

아들의 실패를 환영하라

실패는 두려워할 필요가 없다. 오히려 환영할 만한 일이다.

실패하지 말라고 아이를 몰아세우지 않아도 된다. 어른들도 아이 앞에서 가끔 실수 혹은 실패를 하라. 아이 앞에서 솔직하게 의기소침하기도 하고 약한 소리를 해도 좋다. 아이들에게 실패는 으레 있을 수 있는 일임을 알려주기 위해서라도 말이다.

그렇다면 실제로 아이가 실패했을 때는 어떤 말을 해주면 좋을까. 아이들은 너무 실망하지 말라는 말을 들어도 어떻게 대처해야 할지 모를 수 있다. 이때 "엄마도 ○○해줄 걸 그랬다."라고 말을 걸어보자.

예를 들어 모의고사 전날 "자기 전에 준비물 꼭 챙겨. 빠진 건 없는지 다시 확인하고."라고 말했다고 하자. 다음 날 아침에 아이는 "어쩌지? 슬리퍼 가져 오래."라고 말해서 엄마를 당황스럽게 만든다. 이때 엄마는 "그러니까 내가 몇 번을 말했어!"라고 소리를 지르고 싶겠지만 그보다는 "엄마가 같이 알림장을 읽어볼 걸 그랬네."라고 말하면서 슬리퍼를 같이 찾아보자. 이렇게 말하는 순간 엄마는 아이와 실패를 공유한 사람, 아이와 마음의 고통을 함께 나누는 사람이 된다.

이 세상에 고통을 함께 나누는 엄마만큼 위대한 존재가 또 있을까. 실패, 그거 해볼 만한 일이다.

실패에 대한 두려움이
아들의 의욕을 꺾는다

"그때도 그렇고 지금도 이것 때문에 넌 실패했어. 다음에도 그럴지 모르니까 조심해."

교육열이 높은 부모가 아이에게 이렇게 말하는 장면을 목격한 적이 있다. 참 안타까운 일이지만 그 아이는 십중팔구 다시 실패할 것이다. 그 이유는 실패 회로가 활성화된 채 현장에서 떠밀려 나가기 때문이다. 실패를 겁먹는 지도자 밑에서 인재란 나올 수 없다.

부모가 실패를 두려워하면 아이도 똑같이 영향을 받고 아이의 뇌는 겁먹기 호르몬인 노르아드레날린(noradrenalin)을 자주 분비하게 된다. 노르아드레날린은 뇌 신호를 감퇴시키는 호르몬으로, 뇌 가동에 브레이크 역할을 한다. 다시 말해, 과거의 실패를 되씹으면 되씹을수록 의욕 신호는 감퇴한다. 실전에 나가기도 전에 실패에 대해 이러쿵저러쿵 설교를 들으면 실전에서 실패할 가능성이 높을 뿐만 아니라 의욕도 충분히 발휘할 수 없다. 부모가 실패를 두려워한 나머지 아이에게 의욕이 별로 없다고 질책하다니, 이건 마치 브레이크를 밟고 있으면서 속도가 안 난다고 악담을 퍼붓는 운전자 같다. 아이는 죄가 없다. 단지 잘못하는 부모가 있을 뿐이다.

부모가 먼저 성과주의에서 해방되어야 한다. 실패에 좌지우지되지 말고, 성공에만 너무 황홀해하지도 말고, 뼈저린 고통을 아이와 함께 나누자. 실패한다 해도 "그런 전략은 좋았어. 포기하지 않은 네가 자랑스러워."라고 칭찬해주자.

천재 장기 기사 후지이 소타는 "장기를 두는 이상 실패는 따른다. 일희일비해봤자 아무 소용없다."고 말했다. 내 아이를 이런 경지의 내공에 이르도록 키워보자.

‘에스코트 능력’을 키우는 법

엄마의 온화한 얼굴이 아들의 온화한 얼굴을 만들고,
남자의 온화한 표정은 최고의 에스코트 능력이 된다.
남자는 인생을 바꿀 만큼 중요한 표정 또한
엄마에게 물려받는다. 그래서 하루에도 여러 번
배우가 되는 일은 엄마의 중요한 책무다.

남자로 태어난 이상 에스코트를 잘해야 한다.

지켜주고, 안아주고, 요리해주고, 상대방이 기뻐할 만한 행동이 무엇인지 고민하고, 상냥한 말을 건네는, 드라마 속 남자 주인공처럼 말이다.

인기 드라마 <사랑의 불시착>의 남자 주인공 리정혁에게서 아들과 닮은 모습이 보였다. 외모가 아니라 에스코트 능력이 닮았다. 남자 주인공의 에스코트가 완벽해서 전혀 껄끄럽게 느껴지지 않았고 오히려 순박해 보였다. 엄마도 반하는 멋진 남자란, 이런 순박하면서 완벽한 에스코트를 할 줄 아는 사람이다.

대다수의 나라에서는 에스코트 기술을 주로 엄마가 전수해준다.

그런 의미에서 5장에서는 아들의 에스코트 능력을 키우는 법에 대해 알아보자.

감정에 공감하는 말의 에스코트

에스코트의 기본은 공감 능력이다. 상대방의 생각을 알아차리고 상냥하게 말을 건넨다. 상대방의 동작을 감지하고 손을 내미는 것, 그것으로 충분하다. 그런데 남자의 뇌로 이런 것을 생각하기는 쉽지 않다.

여러 번 언급했듯이 남자의 뇌는 순간적으로 멀리 있는 것을 보고 객관성을 우선시한다. 사고방식은 목표지향 문제해결형이다. 목표를 조준하고 문제점을 없애고 목표지점으로 가기 위해 고군분투한다.

이에 비해 여자의 뇌는 가까이 있는 것을 놓치지 않고 골고루 보는 주관성을 우선한다. 사고방식은 과정을 지향하는 공감형이다. 감정이 도화선이 되어 과거 기억을 차례로 떠올리고 깊은 깨달음을 얻는 방식이다. 그래서 대화 초반에 한 사람이 자신의 감정이나 과거에 겪은 일을 말하고 나머지 한 사람은 공감하며 받아주는 것이 지론이다.

'공감하기'가 불문율인 여자의 뇌가 '단점 지적하기'가 정석인 남자의 뇌와 정신 놓고 대화를 시도하면 온전하게 소통할 수 없다. 그래서 결국 다음과 같은 대화가 오간다.

[1] 현실 대화

여자 오늘 이런 속상한 일이 있었어.

남자 너도 참 물러. <문제점 지적>

여자 …….

남자 힘들면 그만두면 되잖아. <문제 해결>

[2] 바라는 대화

여자 오늘 이런 속상한 일이 있었어.

남자 그러게, 속상했겠네. 당신은 너무 친절한 게 탈이야. 요즘 세상에는 딱 잘라 말해야 알아듣는 둔한 사람도 많아. <공감>

여자 나도 좀 확실하게 말해야겠어.

남자 아니야. 지금 그대로도 좋아. <승인>

여자 (하트 뿅뿅)

[1]의 남자는 분명히 문제를 해결하기 위한 제안을 했다. [2]의 대화에선 명확한 목표점이 보이지 않는다. 남자의 뇌로 해석하자면 0점짜리 대화다. 그러나 '마음이 통했는지 여부'로 보자면, [1]은 0점

은커녕 마이너스, [2]는 100점 만점도 부족해서 120점이다.

남녀의 대화는 마음만 통하면 만사형통이다. [2]와 같은 다정한 연인이 곁에 있다면 그 여자는 분명 좋은 에너지를 얻어 할 말은 확실히 하는 사람으로 탈바꿈할 것이다. 결과적으로는 목표점에 도달하게 된다. 어깨를 감싸거나 허리를 끌어안는 행동이 아닌, 말로 하는 고급스러운 에스코트라 할 수 있다.

13세 이전에 나누는 대화가 중요하다

공감형 대화를 할 줄 아는 남자는 인기가 많을 수밖에 없다. 그런 남자에게 말의 에스코트를 받은 여자는 보다 강해지고 아름다워진다. 두 사람 모두에게 득이 되고, 기분 좋은 일이지만 안타깝게도 그런 남자는 현실에서 찾아보기 힘들다. 사고방식이나 대화 스타일은 거의 본능적인 영역이라 순간적으로 나오기 마련이다. '아차' 싶을 때는 이미 입 밖으로 말이 나온 후다. 무의식 신호의 궤도를 의식적으로 수정하는 것은 상당히 어려운 일이다. 그러나 불가능한 일은 아니라서 나는 포기하지 않았다.

지금까지의 내용으로 아들의 뇌에 대해 부정적인 생각이 들 수 있지만 기뻐할 만한 면도 있다. 남자의 뇌는 순간적으로 먼 곳을 보고 객관성을 우선으로 생각하지만, 사고방식이 목표지향 문제해결형으로 굳건히 정착하는 시기는 사춘기 즈음이다. 사춘기 이전까지는 엄마의 뜻대로 공감형 대화를 쉽게 나눌 수 있다. 요컨대 13세까지 엄마와 공감형 대화를 많이 해본 남자라면 자연스럽게 말의 에스코트를 할 수 있게 된다.

내 아들은 왜 이래?
자신을 돌아보라

'내 아들은 왜 이게 안 되지?'라는 생각이 든다면, 자신을 돌아보자. 엄마가 아들을 상대로 공감형 대화를 하지 않았을 가능성이 많다. 바로 앞에서 소개한 대화를 모자간의 대화로 바꾸어보자.

[1] 현실 대화

아들 오늘 이런 일이 있었어요.

엄마 네가 매번 꾸물대니까 그런 꼴을 당하지. <문제점 지적>

아들 ……

엄마 하기 싫으면 그만둬! <문제 해결>

[2] 바라는 대화

아들 오늘 이런 일이 있었어요.

엄마 아, 속상했겠다. 그런 건 확실히 얘기하지 그랬어?! <공감>

아들 네, 다음부턴 그럴게요.

엄마 기운 내, 아들. 넌 할 수 있어. <승인>

당신은 어느 쪽에 속하는가?

의외로 [1] 같이 말하지 않는가. 똑같은 행동을 남편이 했다면 엄청나게 화를 냈을 텐데, 자신도 모르게 아들과의 대화를 이렇게 끌고 가고 있다. 이렇게 되면 아들은 말의 에스코트를 모르는 남편이 될 것이고, 그 아내는 또 나처럼 속이 터질 것이고, 이런 돌고 도는 윤회는 어느 지점에서 끊어내지 않으면 영원히 계속된다.

이런 이유로라도 남자아이는 엄마에게 '말의 에스코트'를 제대로 배워야 한다. 남들과의 대화를 통해서는 고칠 기회가 없다. 특히 남자들끼리는 목표지향 문제해결형으로만 대화를 하니 더욱 그렇다.

육하원칙형 질문은 대화 분쇄기

얼마 전 9세 아들을 둔 엄마를 상담한 적이 있

다. 그녀는 아들과 대화가 잘 안 된다고 털어놓았다.

"아들은 나보다 남편을 좋아해요. 나는 없어도 되나 봐요."

그녀는 이렇게 말하며 눈물을 글썽였다. 9세면 엄마와 이야기 나누는 것이 한창 재미있을 나이인데, 무엇이 문제일까.

"학교에서 돌아온 아들에게 뭐라고 하나요? 참, 오늘은 뭐라고 하셨어요?"

"학교는 어땠어? 빨리 숙제해."

학교는 어땠냐고 질문한 엄마는 아들에게서 어떤 대답을 듣고 싶었던 걸까. 힘들게 일을 마치고 집에 들어서자마자 다짜고짜 오늘 회사는 어땠냐고 식구들이 물어본다면, 어떤 말을 할 수 있을까.

"학교는 어땠어?" 같은 육하원칙형 질문을 할 때는 주의해야 한다. 육하원칙이란 '누가, 언제, 어디서, 무엇을 어떻게, 왜'로 시작하는 질문을 말한다.

"지금 뭐하는 거야?"

"학교는 어땠어?"

"어디 가?"

"이거 언제 샀어?"

"왜 여기에 놓는 거야?"

이런 질문은 가족의 기분을 상하게 만드는 신호로, 권투 시합에서 시작을 알리는 종소리와 같다.

육하원칙은 사실 확인 질문이다. 목표를 지향하고 결론을 서두르는, 문제해결형의 왕도를 착실히 걷는 화법이다. 뇌는 긴장 상태가 되고 마음은 전혀 통하지 않는다. 물론 사실 확인을 위해 질문을 한다면야 어쩔 수 없지만, 소통을 위해 이런 화법을 택했다면 역효과가 난다. 한번 생각해보자. "학교 어땠어? 숙제했어?"라는 질문은 귀가한 남편이 아내에게 "오늘 뭐했어? 밥 다 됐어?"라고 묻는 것과 흡사하다. 갑자기 날아오는 육하원칙형 질문은 '대화 분쇄기'라고 할 수 있다.

할 말을 다 하면 손해다

육하원칙형 질문은 상대방을 몰아붙이는 결과를 낳는다. 불만을 드러내는 것이 대화의 취지였다면 몰아붙이는 위협 효과는 더욱 배가된다.

식탁에 놓여있는 컵을 들어올리며

"이거 누구 거야?"

"왜 안 씻어놔?"

"정리는 왜 안 해?"

"몇 번을 말해야 알아듣겠어?"

라고 말하는 상상을 해보자.

이렇게 하고 싶은 말을 다 퍼붓는다고 해서 상대방이 잘못을 깊이 반성하거나 다정하게 대답하는 경우는 거의 없을 것이다. 가족이나 부하 직원의 기분을 상하게 하면 사이는 어색해지고 불편함만 남는다. 결국 할 말 다 하는 상황은 어떤 도움도 되지 않는다. 오히려 손해다. 그렇다면 아무 말도 안 하는 것이 나을까?

'왜?'를
'무슨 일이야?'로 바꾸자

"왜 안 해?"보다는 "괜찮아? 무슨 일이야?"를 쓰면 좋다.

"왜 숙제 안 해?"보다는 "괜찮아? 요즘 계속 숙제 까먹던데 무슨 일 있어?"라고 질문한다. "왜 숙제 안 해?"는 게으름을 피우는 아들을 질책하는 말이지만 "괜찮아? 무슨 일이야?"는 외부 요인이 있는지 확인하는 물음이다. 질문을 받은 아들은 엄마와 같이 궁리하자는 마음과 함께 대책을 강구하려는 생각이 들게 된다.

"왜 숙제 안 해?"라는 질문에 "자꾸 까먹어."라는 대답이 돌아오면 화가 치민다. 하지만 "괜찮아? 무슨 일이야?"라는 질문에 "자꾸 까먹어."라는 대답이 돌아오면 "안 까먹으려면 어떻게 해야 할까?"라는 건설적인 대화로 이어질 수 있다.

"왜"와 "무슨 일이야?" 이 두 질문이 엄마와 아들의 명암을 가른다. 기껏해야 말에 불과하지만, 그래도 꽤 힘이 센 말이다.

엄마들이 예민해지는 이유

여자는 본능적으로 공간형 회로를 우선으로 생각하고 마음이 통하는 대화를 하려고 한다. 그러나 요즈음 가정에서의 대화는 문제해결형으로 치우쳐 있다. 대부분의 육아 방식이 목표지향형이기 때문이다. 밥을 빨리 먹이고, 숙제를 시키고, 목욕을 시키고, 다음 날 아침에 학교에 보낸다는 단기 목표와 시험에 합격시키는 중기 목표, 훌륭한 어른으로 성장시키는 장기 목표까지 모두 목표지향형이라 할 수 있다. 이런 여러 가지 목표가 엄마들의 앞길을 가로막는다.

"숙제 했니?"

"학교는 어땠니?"

"왜 프린트물 안 꺼내놓니?"

이런 문제해결형 대화만 하다가 하루를 다 보내고 어느새 아들은 자라서 집을 나가게 된다. 어른이 된 아들과 즐겁게 대화를 나누지 못한다는 점이 가장 큰 문제다. 결국에는 아들이 이룬 가정도 문제해결형으로 치우치고 말 것이다.

만 13세 전에 공감형 대화를 완성하라

남자아이는 만 13세까지는 자연스럽게 공감형 대화를 할 수 있지만 이 시기가 지나면 남성 호르몬인 테스토스테론의 분비가 최고조에 이르러 한순간에 목표지향 문제해결형으로 바뀐다. 어제까지 "엄마~ 여기 봐봐." 하고 말하던 아이가 "안 봐도 돼."라고 말하게 되는 것은 수만 년 동안 이어져 온 남자의 뇌가 성장한 증거라 하겠다.

이 스위치가 켜지기 전에 집을 '공감형 대화의 장'으로 만든다면 자연스럽게 두 가지 대화 방식을 사용하는 남자가 될 수 있다. 다시 말해 '말의 에스코트'를 할 수 있는 힘을 습득하게 된다. 이것은 전적으로 엄마에게 달려 있다. 만 13세까지 도무지 그렇게 만들 자신이 없다면? 괜찮다. 13세 이후에는 가르치기 힘들어서 그렇지, 그렇다고 도저히 바꿀 수 없는 것은 아니다.

남성 호르몬 테스토스테론은 생식기관 성숙을 촉진한다. 10대 중반에 분비량이 최고 절정에 달하다가 19세쯤에 약간 진정세로 돌아선다. 테스토스테론은 주로 하반신으로 이동하지만 뇌에도 영향을 끼치고 강한 목적의식이나 투쟁심을 환기한다고 알려져 있다. 남자아이를 14세쯤부터 다루기 힘들어지는 이유는 '다정한 아들'에서 갑자기 '들판에 주저 없이 나가는 사냥꾼의 뇌'로 바뀌기 때문이다.

이렇게 다루기 힘든 상황에서도 엄마의 상냥한 말은 가슴에 스며드니, 아들의 반응이 어떻든지 신경 쓰지 말고 이 책에서 소개한 대로 실행해보라. 아들의 거부감이 심하다면 초조해하지 말고 시간을 가진 후에 다시 도전하면 된다. 호르몬 분비량은 날마다 기복이 있고, 19세가 되면 전반적으로 몸과 마음이 가라앉는다.

남자아이는 아무리 예민한 연령대라도 엄마에게는 상냥하다. 연인이나 아내가 목표지향에 문제해결형인 남자의 뇌를 무리하게 공감형으로 바꾸기보다 엄마가 바꿔주는 것이 훨씬 쉽다. 아들이 아직 만 13세가 안 되었다면 엄마의 태도에 따라 자연스럽게 공감형으로 바꿀 수 있다. 만약 13세가 넘었다면 생각처럼 되지 않고 시간도 걸리겠지만 불가능한 일은 아니다. 아들을 모험의 세계로 떠나보내기 전에 엄마가 해야 할 의무이다. 그러니 힘을 잃지 마시길.

마음의 대화를 시작하는 방법

대화를 할 때 육하원칙형 질문은 삼가자. 대화에는 "토마토케첩 어디 있어?", "공개 수업이 언제지?" 같은 사실 확인형 질문과 "왜?" 대신 사용하는 "무슨 일이야? 괜찮아?"만 있는 것은 아니다.

1. 칭찬하기

"그게 좋겠다."

"멋지네."

"그런 것도 할 수 있어?"

"네가 좋아하는 노래야? 선곡 센스 좋은데?"

"넌 다리가 길어서 키가 커 보여."

"그 외투 입으니까 엄청 멋져."

이렇게 연인에게 하듯이 마구 칭찬하자. 나는 아들이 갓난아기였을 때도 이렇게 말을 건넸다.

"넌 정말 멋진 남자야. 이런 아기가 엄마 뱃속에서 태어난 건 기적이야. 엄마 아들로 태어나줘서 정말 고마워."

나는 진심이었기에 이렇게 말할 수 있었지만 아들은 중학생 때 이렇게 말했다.

"엄마 나 말이야, 아무래도 멋진 남자 축에는 안 드는 것 같아. 엄마, 괜찮겠어?"라며 내 안목을 걱정해주기도 했다.

2. 위로하기

열심히 노력한 아들에게

"정말 잘했어."

"열심히 했네."

"힘들었지?"

"추웠지?" 혹은 "더웠지?"

"무거웠지?"라고 위로하거나 치하하자.

아이가 어린이집에 다닐 때 늦게 데리러 간 적이 있었다. 그때 아이에게 이렇게 말했다.

"불안했지? 미안해."

그때 내가 한 그 말을, 한참 시간이 지난 후 아들이 내게 되돌려주었다. 여행을 떠나 연락이 닿지 않았던 아들과 연락이 됐을 때 아들은 이렇게 말했다.

"걱정했죠? 죄송해요."

3. 감사하기

"택배 받아줘서 고마워."

"마트에 같이 가줘서 고마워."

"쌀 옮겨놨어? 한 손 놓았어."

아이가 해준 일에 감사하자. 감사의 마음이나 말은 반드시 돌아온다.

"맛있는 밥 차려줘서 고마워요."

"양복 챙겨주셨네요. 고마워요."

이렇게 말이다.

4. 내가 본 것과 느낀 점 말하기

특별하지 않은 일상을 들려주면 그것이 분수령이 되어 상대방이 자신의 기분을 이야기하게 되고, 마음의 대화로 이어지기도 한다. 정말 사소한 일이라도 좋다.

"둑에 있는 벚꽃나무에 벌써 꽃봉오리가 올라왔더라."

"오늘 비가 엄청나게 내렸지."

"지금 읽고 있는 소설에 나오는 음식이 맛있어 보여서 말이야."

"이 광고 음악 내가 젊었을 때 엄청 유행했었는데."

상대방이 내 말을 흘려듣고 아무런 대답을 해주지 않는다고 해도 괜찮다. 이런 혼잣말 같은 대사는 남자의 깊은 마음속에 간직한 진심을 건드렸을 때 답이 나오게 된다. 가뭄에 콩 나듯 따스한 교류가 오가면 된다는 마음으로 시도해보기 바란다.

5. 의지하기

"카레 맛 좀 봐줄래?"

"오늘 냄비 요리에 뭘 넣을까?"

"화상회의 할 때 어떤 앱을 쓰는 게 좋아?"

"여기에 책장을 놓을 건데 어떤 색이 좋을까?"

이처럼 사소한 것을 물을 때 아들에게 의지해도 좋다. 사회적 이슈에 대한 의견을 묻는 것도 추천한다.

"9월 입학이 실현 가능할까?"

"미국 대통령에 대해 어떻게 생각해?"

사회적 이슈를 대화 주제로 삼는다면 집안일이나 가족 문제로 지친 뇌에서 벗어나 봇물 터지듯 이야기가 쏟아져 나올 수 있다.

6. 약한 소리하기

때로는 엄마도 약한 소리를 하자.

"힘드니까 위로해줘."

"피곤하니까 도와줘."

아들에게 안기거나 책을 읽어 달라고 해도 괜찮다.

'마음이 통한다'는 것은 어떤 순간일까? 뇌는 상호작용으로 활성화된다. 이런 현상은 자신과 상호작용을 일으키는 대상을 순간적으로 꿰뚫는 뇌 인지기능의 기본 구조에서 기인한다. 누군가 혹은 무언가에 액션을 취하고 그 대상이 좋은 변화를 보이면 뇌의 쾌감은 최고치가 된다. 다시 말해 뇌의 기능성으로 보자면 '친절한 행동을 받은 사람'보다 '친절하게 행동한 사람'의 뇌가 더 행복하다는 뜻이다.

사람은 소중한 사람의 장점인 강하고 아름다운 면에 반하지만 의외로 약한 부분에 매료되면 헤어 나오질 못한다. 이 시점이 좋아하는 감정이 사랑으로 변할 때라고 표현해도 좋다. 내가 없으면 살아갈 수 없는 존재처럼 느껴질수록 감미롭다. 갓 태어난 아이를 두 팔로 안았던 그 순간을 떠올려보라. 모든 삶을 엄마에게 맡기고 새근 새근 잠든 신생아에게 느낀 달콤한 기분을 생각해보라. 그 쾌감을 아들에게도 선물하자.

네가 없으면 못 살아

엄마가 자신을 의지하고 있고, 자신의 존재가 확실히 엄마를 살게 한다는 기분을 아들은 꼭 알아야 한다. 굳이 엄마에게 말하지 않아도 엄마는 알겠거니 하겠지만, 부모 자식 간에도 사랑을 말로 표현해야 한다.

평소 실수투성이에 푸념만 하던 엄마라면 문제가 되겠지만, 누가 봐도 씩씩하고 생활력 강한 엄마가 자기 앞에서만 연약한 모습을 보인다면 분명 매력적일 것이다. 그 연약함이 두 사람의 마음을 통하게 만드는 연결고리가 되어준다.

강하고 올바른 엄마, 가르치고 이끌어주는 엄마에서 가끔 벗어나 보면 어떨까?

나는 종종 아들에게 "네가 없으면 못 살아."라고 고백하곤 했다. 아들이 고등학교 때 자전거를 타다가 트럭과 부딪힐 뻔한 적이 있었는데, 그때 아들은 엄마와 할머니를 두고 죽을 수 없다는 생각에 급히 핸들을 꺾었다고 한다. 엄마가 사는 데 네가 힘이 된다는 강한 세뇌는 필요한 듯하다.

아들아, 무슨 일이 있어도 살아서 돌아오렴.

남자 마음속 '엄마'라는 성역

아들이 6세였을 때, 나는 원고가 써지지 않아 누워서 몸부림치고 있었다. 아들이 "엄마, 괜찮아?"라고 안아주고 어깨를 어루만졌다. 그러자 희한하게도 에세이 한 꼭지가 술술 써졌다. 아들에게 웃으면서 고맙다고 하자 이후 원고가 써지지 않는다고 할 때마다 아들은 신성한 의무처럼 달려와 나를 안아주었다. 사실은 지금도 여전하다.

아들이 대학생 때 밤중에 전화를 한 적이 있었다. 그때 기운 빠진 내 목소리를 걱정하기에 원고가 안 써져서 그렇다고 하자 "지금 오토바이 타고 갈까?"라고 물었다. 자취집에서 2시간이나 걸리는 거리를 오겠다니. 그냥 해본 소리라며 말렸는데도 전화기 너머로 이미 움직이는 기색이 역력해 가슴이 뜨거워졌다.

그만큼 남자의 사명감이란 외곬이다. 비단 내 아들에게만 해당되는 특징이 아니다. 아마 제 엄마에게 직접적으로 표현하진 못하겠지만, 아들 친구들이 엄마를 생각하는 마음씀씀이만 보고 있어도 엄청나다.

남자의 마음속에는 '엄마'라는 성역이 있다. 그도 그럴 것이 뇌 가상공간의 최초의 좌표가 엄마이니 당연한 것이다. 남자가 보호해야 할 존재는 '말의 에스코트'를 터득하게 해주는 조건이 된다. 아들은

6세 어느 날부터 엄마란 '자신이 안아주지 않으면 원고를 못 쓰는 사람'으로 인지했다. 그러자 다른 상황에서도 리더십을 발휘하게 되었다.

초등학교 때 아들에게 "기획서 쓰는 거 귀찮아."라고 푸념하자 아들은 "나도 숙제할 거 있으니까 같이 하자."라고 말한 다음 테이블 위를 정리하고 내 노트북을 펼쳐주었다. 이렇듯 나는 어린 시절에 엄마에게 어리광을 부리듯이 아들에게 어리광을 부리곤 했다. 더없이 행복이 넘치는 시간이었다.

아들이 여럿인 경우에는 각자에게 '신성한 책무'를 내려주자. 각자가 맡은 임무를 성실히 하는 것은 물론 다른 형제의 임무도 신성하게 지켜주기로 약속하고 책무 내용을 정해야 한다. 일요일 아침에는 형이 좋아하는 달걀 프라이를 먹기로 하고, 엄마가 우울할 때는 동생이 피아노를 쳐준다거나 하는 식의 규칙을 아이들과 함께 정하자. 각자 잘하는 것을 습관화하고 신성한 책무로 삼는다. 이런 규칙은 엄마와 아들을 이어주는 마음의 연결고리이며 '말의 에스코트'를 몸에 익히는 좋은 계기가 된다. 머지않아 아들이 갖춘 '말의 에스코트' 능력은 소중한 반려자 앞에서 한껏 발휘될 것이다.

여자가 앉을 때까지 기다린다

동작으로 옮기는 에스코트 매너의 시작은 여성이 앉을 때까지 앉지 않는 행동이다.

아들이 9세 때, 나는 아들을 데리고 유럽 출장길에 올랐다. 당시 내가 담당하던 비올라 솔리스트가 크로아티아 국가 프로젝트에 초청받아 아름다운 요새 도시로 유명한 두브로브니크(Dubrovnik)에서 연주를 하게 되었다. 나는 아들과 2주나 떨어져 있을 수 없어서 아들을 데려 가기로 했다. 우리 모자는 빈, 자그레브, 두브로브니크에서 음악 관계자와 그들의 가족을 만났고 거리를 산책했다.

그곳의 남자아이들이 엄마나 할머니를 에스코트하는 모습이 인상적이었다. 레스토랑이나 공연장에서 만난 어린 남자아이들은 절대로 먼저 의자에 앉지 않았다. 동행한 모든 여자들이 의자에 앉는 모습을 지켜보고 나서야 의자에 앉았다. 그 광경은 의외로 멋있었다. 레스토랑 직원도 해줄 수 있는 의자를 꺼내주는 행동을 하는 것이 아니라 소중한 사람이 무사히 앉는 모습을, 그리고 앉은 의자가 편안한지 어떤지 그저 지켜보기만 할 뿐인데도.

희한하게도 '착석을 지켜본 후 앉는 남자'가 그 자리의 리더로 보인다. 아무리 5세밖에 안 된 아이라도 말이다. 그런 모습을 지켜본 아들은 에스코트 매너를 자연스럽게 받아들였다.

전 세계에서 통용되는 에스코트 매너

머지않아 나는 여자들이 앉을 때까지 지켜보는 그 행동이 모든 에스코트 매너에 통용된다는 사실을 알게 되었다.

착석을 지켜보는 습관이 몸에 밴 아들은 자연스럽게 차를 탈 때나 내릴 때, 계단을 오를 때 내 발걸음을 살펴주었다. 하이힐을 신고 계단을 내려갈 때는 두세 칸 먼저 내려가서 몸을 절반 정도 비틀어 뒤를 살피고 내가 무사히 걸음을 떼는지 지켜보았다. 내가 불안한 자세를 취하면 손을 내밀어주었다. 긴 치마를 입고 계단을 오를 때는 아예 계단 아래에서 내 모습을 지켜본다. 나도 이런 사실을 알기에 불안할 때는 계단 난간에서 걸음을 멈추고 아들을 돌아본다. 가볍게 고개를 끄덕여주는 아들의 모습은 정말 보디가드 같다. 문 앞에선 당연히 문도 열어준다.

유럽 남자들이 극히 자연스럽게 하는 세련된 호위 자세, 곧 에스코트는 모두가 지켜보는 행동에서 시작한다. 어깨를 빌려주거나 의자를 꺼내주는 등 눈에 보이는 행동을 말하는 것이 아니다. 실제로 유럽에서도 하루 종일 여자에게 신경을 쓰면서 어깨를 빌려주는 것은 아니다. 여자를 지켜보다가 그녀가 불안해 보이면 손을 내밀 뿐이다. 그 순간은 상대방이 신은 구두나 드레스, 혹은 나이에 따라서 달라지겠지만 대략적으로 앉을 때, 설 때, 계단을 걸어 내려갈 때, 오를 때, 문을 열 때에 한정된다. 여기에 엘리베이터에서 문이 열리고 닫힘에 신경을 쓰며 버튼 누르기, 비행기 통로를 지나갈 때 양보하기, 코트를 입을 때까지 들고 기다려주기를 더한다면 세계 어느 나라에 가도 창피를 당할 일은 없다.

그러니 아들을 넓은 세상으로 보내기 전에 가르쳐주자. 여자가 자리에 앉는 것부터 지켜보라고. 패밀리 레스토랑에서라도 이렇게 해버릇하면 다른 매너 동작은 자연스럽게 나오게 된다.

에스코트를 받는 입장에서도 응대하는 방법은 따로 있다. 모든 동작은 우아해야 한다. 걸을 때는 앞머리를 휘날리며 돌진하지 말고 가는 방향으로 어깨를 내밀고 천천히 발걸음을 옮긴다. 계단 앞에서는 속도를 줄인다. 의자에 앉기 전에는 일단 멈추고 보디가드와 눈을 마주치면서 앉는다. 앞머리가 휘날릴 정도로 돌진한다면 누구라도 에스코트할 틈을 찾을 수 없을 것이다. 또 의자에 털썩하고 앉게 되면 지켜보던 사람조차 난감해진다.

상대가 코트를 입혀줄 때는 양팔을 쭉 뒤로 뻗어서 당당하게 입자. 팔을 쭉 뻗고 있으면 상대방이 소맷자락을 넣어 어깨까지 올려줄 것이다. 코트를 들고 있는 남자에게 등을 보이며 팔을 하나씩 집어넣는 것과는 확실히 다르다. 동작이 아름답지도 않고 의외로 시간이 걸리며, 먼지도 날린다.

요리도
에스코트의 일부

요즘 드라마를 보면서 놀란 점은 대부분의 남자 주인공들이 요리를 한다는 것이다.

지난주에 본 드라마에서는 황제가 사랑하는 사람에게 요리를 만들어 대접하는 모습이 나왔다. 드라마 〈사랑의 불시착〉의 주인공 리정혁도 직접 음식을 만들어 여주인공을 기쁘게 해주었다. 소중한 사람을 위험천만한 적에게서 지켜내고 모든 상황을 극복한 후 맛있는 음식을 대접하는 모습, 21세기 드라마의 남자 주인공들은 다정하고 에스코트가 몸에 뱄다.

요리도 에스코트의 일부다. 내가 본 대부분의 드라마에서 여주인공은 요리를 못했다. 그래서 요즘 많이 받는 질문이 "어떻게 하면 아들이 요리를 잘할까요?"이다.

사실 남자의 뇌는 원래부터 요리를 잘하게 설정되어 있다. 공간 인지력이 높고 운동 능력이 탁월해서 요리 동작을 쉽게 익힌다. 또 맛에 민감하다. 정확히 말하자면, 자신이 좋아하는 맛에 명확하게 반응하는 것은 여자이지만 맛을 객관적으로 파악하고 비교 평가하는 것은 남자가 우세하다. 유명 요리사 중에 남자가 압도적으로 많은 이유는 그 때문일 것이다.

이런 남녀 뇌의 차이 때문에 남자들의 맛 평가는 안타깝게도 화를 부르는 지경에 이른다.

"뭐, 먹을 만하네."

"요전보다 간이 맞네."

누가 객관적인 평가를 해달라고 했나.

"맛있어."

"이거 먹고 싶었는데."

이런 주관적인 말을 우선 해주면 좋겠는데 말이다. 이렇게 남자와 여자의 뇌가 요리를 대하는 방식은 미묘하게 다르다. 하지만 결과적으로 둘 다 요리는 잘할 수 있다.

우리집의 메인 셰프는 아들이다. 아들이 해주는 요리 중 내가 제일 좋아하는 것은 사슴 로스트로, 지금까지 먹어본(그중에는 미슐랭 스타 셰프도 있었지만) 어떤 셰프의 사슴고기 요리보다 아들이 해준 음식이 더 맛있었다. 아들은 혼자서도, 돈이 없어도, 제대로 요리를 해먹고 즐긴다. 자취 시절에는 양배추가 싸다고 양배추 요리를 3가지나 만들기도 했다. 남은 재료를 활용하는 '냉파' 천재이기도 하다.

아들을 셰프로 키우면 주방에 나란히 서서 요리를 할 수 있어서 즐겁다. 장보기 계획도 함께 세우며 대화를 나눌 수 있고 자연스럽게 쇼핑도 함께한다. 무엇보다 요리하는 사람의 수고로움을 이해하니 밥상을 받으면 "이거 준비하느라 힘들었겠어요. 맛있어요." 같이 구체적으로 치하하는 말도 해줘서 요리한 보람이 느껴진다. 아들에게 요리를 권할 것을 강력히 추천한다.

남자의 요리 실력은 여자가 남편을 좋아하는 이유 1~2위를 차지하기도 한다. 요리를 잘하는 남자는 요리를 못하는 남자보다 인기 있을 가능성이 높다.

아이와 함께 요리하고 밥을 먹자

아들의 생애 최초 입맛을 만들어준 사람은 시어머니다.

1991년, 아들이 태어난 해는 거품 경제가 한창이던 때라 전국에 있는 모든 '톱니바퀴'가 풀가동하는 듯했다. 코로나 시국으로 모두가 멈춘 것 같은 지금과는 정반대였던 시절이다. 내가 개발한 '일본어를 하는 여성 AI'도 전국에 있는 원자력 발전소에서 막 가동을 시작하던 때였다. 그런 터라 휴직을 할 수 없어서 생후 3개월 된 아들을 시어미니에게 맡기고 업무 현장으로 복귀했다.

어머니는 미소 띤 얼굴로 "이제야 아이를 키워보겠네."라며 기뻐했다. 시아버지가 장인(職人)이어서 어머니는 거의 평생을 공방에서 일을 도왔다. 장인 집안에서는 젊고 통찰력이 있는 며느리를 주요 작업자로 세우고 육아는 할머니가 담당했다. 그래서 어머니는 손자와의 밀월을 진심으로 즐거워했다. 어머니께 감사한 마음은 글 몇

자로 다할 수 없을 정도다.

어머니는 매일같이 말린 표고버섯과 다시마, 가쓰오부시로 육수를 만들었다. 그 육수를 넣어 간을 거의 하지 않고 익힌 흰 살 생선이 내 아이가 인생 최초로 맛본 이유식이었다. 나는 시어머니의 요리가 아들의 최초 입맛을 만들어주었다고 믿는다. 아들은 나보다 훨씬 미각이 뛰어난데, 이런 시스템을 내가 만들었다고 생각하지 않는다.

덧붙이자면, 나는 친정 엄마가 전수해준 날치 육수나 가쓰오부시를 섞어서 주로 사용하지만 아들은 가쓰오부시에 다시마를 더한다. 국물 요리를 할 때면 그 육수에 말린 표고버섯을 몽땅 넣는다. 아들은 의식하지 못하는 것 같지만 그것에는 그립고도 눈물이 날 것 같은 어머니의 맛이 담겨 있다. 그렇다면 내 손자의 입맛은 내가 만들어주어야 하나? 이런, 요리 교실부터 다녀야 할까?

다시 원래 이야기로 돌아와서, 남자는 어떻게 하면 요리를 잘할 수 있을까?

부모와 함께 먹어본 음식이나 부모가 요리를 즐기는 태도에 달려 있다. 책을 좋아하게 만드는 방법과 마찬가지다. 부모님이 즐겁게 요리를 하면 아이는 요리에 관심을 가진다. 부모님이 맛있게 먹으면 아이도 맛있게 먹는다. 할머니가 사랑을 담아 육수를 만들었기에 아이도 그와 같은 시간과 정성을 들여서 육수를 내는 일을 꺼리지 않는다. 이게 전부다. 안타깝게도 지름길은 없다.

언젠가 아들의 입이 짧다고 상담을 하러 온 분이 있었다. 아이가 식사에 집중할 수 있도록 텔레비전을 끄고, 커튼을 닫고, 장난감도 치우고, 식탁에서 먹을 수 있게 엄마는 식사도 하지 않고 아이의 식사를 돕는다고 했다. 그런데도 아이는 먹지 않는다며 그 엄마는 걱정했다. 나는 소름을 떨쳐내며 대답했다.

"아들의 입장에서 생각해보세요. 저녁 시간이 되면 엄마가 무서운 표정으로 장난감을 치우고, 커튼을 치고, 텔레비전을 꺼요. 그런 다음 밥이 차려지고 엄마는 복잡한 표정으로 다가와요. 매일 말이죠. 그런 무서운 식사시간이 어디 있겠어요?"

"아, 그렇군요. 식사시간이 트라우마로 남을 수 있겠어요."

다행히도 그분은 고개를 끄덕이며 자신의 잘못을 받아들였다.

금지된 피아노가
피아니스트를 만든다

요리에 한정되지 않고 아이에게 무언가를 시키고 싶다면 부모가 먼저 즐기는 모습을 보여주어야 한다. 쇼팽 콩쿠르에서 입상한 러시아 피아니스트에게 어떻게 피아니스트가 되었는지 물었다. 그는 "부모님이 음악가라서 집에 악기가 넘쳐났어요."라고 대답했다. 그는 3형제의 막내로, 부모님은 형과 누나에게 음악 영재교육을 시켰지만 막내인 자신에게는 악기를 가르치지 않고 의도적으로 악기와 거리두기를 시켰다고 한다. 부모님은 자녀 한 명 정도는 음악가의 길을 걷지 않길 바랐다고 한다. 그는 숨어서 피아노 건반을 두드리며 놀았고 결국 가족 중 가장 유명한 연주자가 되었다. 부모님이나 형제가 연주를 즐기는 모습이 자신을 음악가의 길로 인도한 것이다. 강제로 시키지 않은 육아법과 음악을 '금지'했다는 것도 크게 작용했을 것이다. 못 하게 하면 오히려 호기심이 발동하는 것이 인지상정이다. '이 문만은 열지 말라'고 하면 기어이 열어서 문제가 생기는 판타지가 이 세상에 얼마나 많은가.

학원에 가는 것처럼 강요하지 않고 당연하다는 듯 눈앞에 놓여 있는 것, 못하게 해도 하고 싶은 그것이 의외로 아이에게 전해지는 최대의 '재능'인지도 모르겠다. 자연스럽게 눈에 들어오고, 만지고, 느끼다 보면 결국 호기심이 생기고, 스스로 한 발짝 나아가면서 뇌는 최고의 감각을 발휘한다. 뇌의 기능 구조로 볼 때 자명한 이치다.

우리집의 경우는 그 최대의 재능이 요리였다고 본다. 아이는 요리하는 그 감각을 활용해서 일도 하고 집도 지었다. 아이를 보고 있으면 그런 생각이 든다. 학원도 좋지만 일상에서 자연스럽게 접하고 익히는 감각이 뇌 성장과 더 깊은 관련이 있다. 당신의 아들은 일상적으로 무엇을 접하는가?

남자의 뇌에
요리하는 풍경 입력하기

어린 시절에 읽은 《톰 소여의 모험》에 나오는 장면 중 잊히지 않는 장면이 있다. 톰 소여는 부모님을 잃고 폴리 이모와 함께 살았다. 어느 날 이모는 톰에게 울타리 페인트칠을 시킨다. 톰은 울타리에 페인트칠을 하다가 친구의 놀림을 받는다. 그때 퍼뜩 좋은 생각이 떠올랐다. 즐겁게 페인트칠을 하는 '연기'를 하는 것이다. 그러자 친구들이 부러워하며 페인트칠을 해보고 싶다며 졸라댔다. 톰이 떨떠름한 표정을 짓자 친구들은 자기가 가진 소중한 것들을 주거나 간청도 한다. 톰은 마지못해 페인트칠을 할 수 있게 허락한다. 힘들게 페인트칠을 할 기회를 얻은 친구들은 다른 아이들에게 자랑하고 더 많은 친구들이 찾아온다. 톰은 친구들에게 선물도 받고, 인기도 얻고, 이모에게 칭찬까지 받았다. 톰의 발상 전환은 실로 놀라웠다.

이 책을 읽은 후 나는 사람을 불러 모으고 싶을 때 회사일이든 집안일이든 연기일지언정 즐거운 척하기로 했다. 그런데 즐거운 척하는 행동은 뇌에도 즐거운 감정으로 입력된다. 지금은 굳이 즐거운 척을 하진 않는다. 그냥 즐겁게 느낀다.

남편과 가사 분담을 할 때도 싫어하는 일을 나누는 것이 아니라 즐거운 일을 함께한다는 생각으로 임한다. 이 작전 덕분에 빨래는

남편 담당이 되었다. 아들을 요리에 참여시키기 위해서는 당연히 톰소여 작전을 실시했다. 엄마(아빠나 할아버지도 좋다)가 즐겁게 요리하는 것이 가장 기본자세다.

"와! 이 토마토 맛있겠다."

"오늘은 모두가 좋아하는 가지 카레야."

이렇게 기분 좋은 듯 중얼거리거나

"이것 좀 섞어줄래?"

"간 좀 봐 줄래?"

라고 말을 건네며 자연스럽게 아들을 조리대 앞으로 이끌었다. 아들의 도움에 대해서는 꼭 칭찬을 해주자.

"네 덕분에 맛있어졌어."

"요리에 재능이 있네."

이 정도면 좋다. 그렇게 해서 남자의 뇌에 '요리하는 풍경'이 입력되면 요리는 사랑할 대상의 일부가 되고 사랑하는 사람에게 대접하고 싶은 마음이 생긴다. 파김치가 된 몸과 마음에 스며드는 따스한 집밥은 최고의 에스코트다.

우아한 표정은 최고의 에스코트

말의 에스코트, 행동의 에스코트, 요리의 에스코트를 순차적으로 설명했는데 사실 최고의 에스코트는 따로 있다. 바로 우아한 표정이다.

표정은 사람의 기분을 순식간에 바꾸어준다. 우아한 표정을 지으면 기분도 우아해진다. 표정은 소중한 사람의 '마음'을 떠받치는 최고의 에스코트다.

우리 뇌에는 눈앞에 있는 사람의 표정이나 동작을 거울로 비추듯 직접 신경계로 옮기는 기능이 있다. 미러 뉴론(Mirror Neuron), 즉 '거울 뇌세포'라 불리는 세포가 만들어내는 기능이다.

갓난아기에게는 미러 뉴론이 많아서 눈앞에 있는 사람의 입 근육을 흉내 내어 습득한다. 생후 3시간만 지나도 이 기능을 사용할 수 있다. 신생아를 대상으로 한 '공명 동작'이라는 실험이 있다. 갓난아기의 얼굴 가까이에서 혀를 내밀었다 넣었다 하는 동작을 반복하면 갓난아기가 흉내 낸다. 간혹 흉내 내지 않는 아기도 있으니 내 아기가 그렇게 행동하지 않는다고 해서 걱정할 필요는 없다. 태어난 지 3시간만 돼도 아기는 눈앞에 있는 핑크색 물체가 자신의 몸 어느 부분과 닿는지, 어떻게 하면 똑같은 행동을 할 수 있는지를 파악한다. 당연히 생각해서 하는 동작이 아니라 미러 뉴론의 공명 반응이 만들어낸 결과다. 아기는 이 기능을 사용해서 상대방이 웃으면 따라 웃고 손을 흔들면 따라 흔든다. 그러다 얼마 지나지 않아서 엄마가 말을 걸면 따라서 말하기 시작한다.

엄마의 표정, 천국과 지옥을 만든다

아기는 모든 표정에 반응하지만 엄마의 표정에 더욱 강하게 반응한다. 갓난아기는 뱃속에서 엄마 근육의 움직임을 빠짐없이 느끼며 10개월을 지냈다. 엄마가 웃으면 복근이나 횡격막도 부드럽게 움직인다. 말할 때는 더욱 더 큰 움직임을 포착할 수 있다. 간이 부풀면서 횡격막 위아래와 복근이 긴장하고 복강에 소리가 울린다. 그래서 갓 태어났음에도 엄마의 표정이나 말을 인식하고 강하게 공명 반응을 보이는 것이다. 이런 이유로 육아에 관해서는 부모의 비율을 반으로 나눌 수 없다. 엄마의 압도적인 승리다.

어느 날 강연이 끝난 후 나에게 시간이 있느냐고 물은 50대 남성 수강자가 있었다. 그는 고등학교 교장으로 "아이 셋을 혼자 힘으로 키웠습니다."라며 말문을 열었다. 아내는 막내를 낳은 후 죽었다고 했다. "엄마의 정을 모르는 막내가 신기하게도 아내와 똑같이 말하는 거예요. 아내는 '고마워'라는 말을 자주 하는 사람이었죠. 막내는 아내와 똑같은 타이밍에 같은 어조로 '고마워'라고 말해요. 엄마 얼굴도 모르고 자랐는데 신기하다고 늘 생각했어요. 그런데 오늘 그 이유를 알았습니다. 아이는 엄마를 모르지 않았어요. 열 달이나 뱃속에서 엄마를 느꼈구나, 그렇게 아이는 엄마를 만났던 거예요."

그러니 엄마의 말과 표정은 아이에게 큰 영향을 끼친다. 엄마가 된 이상 말과 표정은 감정대로 드러내서는 안 된다. 학교에서 돌아온 아이를 어떤 표정으로 맞이하는가? 워킹맘이라면 퇴근했을 때를 떠올려보자.

엄마가 호기심 어린 표정이나 평안한 얼굴로 아이를 맞이하면 아이는 그 표정을 모방하고자 한다. 표정은 그대로 기분이 된다. 얼굴 표정은 출력이기도 하고 입력이기도 하다. 다시 말해, 기쁘니까 기쁜 표정을 짓는데 기쁜 표정을 지으면 근육에서 기쁠 때 나오는 신경 신호가 자연스레 유발된다. 반면 엄마가 불안한 나머지 푸념을 늘어놓고 어두운 표정이거나 초조해하고 화가 난 얼굴로 아이를 맞이하면 아이에게 표정은 물론 기분도 그대로 옮겨진다. 엄마의 표정에 따라 집안이 천국이 되기도 지옥이 되기도 한다.

엄마는 세상의 시작

엄마도 사람인데 괴로운 일이 왜 없겠는가. 엄마에게 희로애락이 있다는 것은 지극히 당연하고 좋은 일이다. 안절부절 못하고 화가 머리끝까지 치밀어 오르거나 분노나 슬픔 때문에 아이를 지도하지 못할 때도 있다. 아이의 뇌는 희로애락의 격차로 감성 지도를 그린다. 그래서 '화내지 않고 상냥하기만 한 엄마' 또한 아이의 감성에 구멍을 내기 때문에 그것도 그것대로 위험하다. 그러나 "잘 다녀와."나 "잘 다녀왔어?" 정도는 편안하고 온화한 표정으로 말하자.

공간 인지력이 높은 남자의 뇌는 '점'을 이어서 '선'이나 '면'으로 바꾸는 버릇이 있다. 하루에 2번 으레 정해진 웃는 표정을 보여준다면 그 사이가 어떤 모습이든 엄마는 상냥하다고 믿는다. 집에 상냥한 엄마가 있다면 밖에서 조금 괴로운 일을 겪어도 견딜 수 있다. 훨씬 나중에 아이는 "엄마는 정말 상냥한 사람이었어."라고 회상한다.

엄마의 온화한 얼굴이 아들의 온화한 얼굴을 만들고, 남자의 온화한 표정은 최고의 에스코트 능력이 된다. 남자는 인생을 바꿀 만큼 중요한 표정 또한 엄마에게 물려받는다. 그래서 하루에도 여러 번 배우가 되는 일은 엄마의 중요한 책무다.

가까이 있는 것을 신경 쓰지 않는 대신 그 일을 엄마에게 모두 맡기고 자라는 남자의 뇌. 엄마를 좌표 원점, 곧 삶의 기준점으로 삼고 세계관을 넓혀가는 남자의 뇌. 아들의 뇌에게 엄마는 세상의 시작이고 창조의 여신이다.

아들이 몇 살이든 엄마의 위치만은 변하지 않는다. 세상 사람들이 아무리 좋은 평가를 해도 엄마에게 인정을 받아야 겨우 안심하는 성인 남자도 많다. 그러니 엄마인 당신은 행복해야 한다. 자기 자신을 믿고 사랑하라.

이 책에서 눈에 거슬리는 내용이 있어도 너무 신경 쓰지 않으면 좋겠다. 괜찮다 싶은 것만 마음에 담으면 된다. 엄마란 과업을 짊어진 당신의 인생이 조금이라도 편하길 바라기 때문이다. 엄마가 자신의 인생을 충실히 살면 아들 또한 나름대로 매력적으로 자라난다. 그러니 괜찮다, 괜찮아.

끝맺음

•

아들을 낳던 밤, 나는 짧은 꿈을 꾸었다. 내 머리맡에 60세쯤 되어 보이는 아들이 서서 "온 힘을 다해 사랑해줬어요."라고 속삭였다. 아들의 따스한 숨결이 느껴질 정도로 생생했다. 나는 시간을 뛰어넘어 인생의 졸업식을 보고 온 건지도 모르겠다.

온 힘을 다해 아들을 사랑했다는 기억을 안고 세상을 떠난다면, 아들의 따스한 배웅을 받으며 여행을 떠난다면, 얼마나 행복할까.

편안한 기억 속에서 맞이하는 마지막은 두렵지 않을 것이다. 내 육아의 목표지점은 바로 이곳이라는 생각이 들었다. 막 태어난 아들을 안아보고 8시간이 지났을 때의 일이었다.

인공지능 엔지니어로서 막 만들어낸 신형 인공지능과 합을 맞추던 나날 속에서 나는 진짜 '인간 아이'와 만났다. '인간 아이'가 보여주는 선명하고도 강렬한 개성은 나를 진심으로 놀라게 했다. 생명의 눈부심은 인공지능에 절대 비할 바가 아니다.

엄마라는 역할을 하며 맛본 실감과 직감이 여느 인공지능 개발자와는 다른 길을 개척하게 했다. 그 덕분에 이런 책을 쓸 수 있는 행복 또한 지금 여기서 만끽하고 있다. 아들의 엄마로 사는 일은 내 인생에서 제일 은혜롭다.

또 다른 꿈을 꾸었다. 어느 날 신이 나타나 이렇게 말했다.

"너에게 노벨상을 주겠다."

'야호'가 절로 나왔다. 당시 내 연구 주제는 '뇌의 주기성이 만들어내는 트렌드 사이클'이었으니 아마도 받게 된다면 노벨 경제학상일 테다. 일본 최초의 여성 노벨상 수상자? 그렇다면 책도 좀 팔리겠군.

'수상식에서 영어로 연설하려면 연습 좀 해야겠는데.'

수상식에선 뭘 입지? 드레스 코드는 역시 전통의상이지. 들떠있는 나에게 신은 이상한 조건을 붙였다.

"다만, 육아를 했던 기억과 맞바꾸어야 한다."

'육아의 기억'과 맞바꾸자고? 이 말은 노벨상과 내 아이를 맞바꾸자는 뜻이 아닌가. 어린 아들의 모습이 뇌리를 스쳤다. 어린이집에 데리러 가면 나를 보자마자 함박웃음을 지으며 굴러오듯(가끔은 정말 굴러서 현관에 왔다) 내 품에 안기던 아이의 모습이 떠올랐다.

나는 "안 돼! 노벨상 같은 거, 필요 없어."라고 울부짖으며 잠에서 깼다. 요동치는 심장을 부여잡고 단숨에 아들 방으로 뛰어갔다. 동아리 활동으로 피곤해 쓰러져 잠든 아들의 모습을 보면서 '손등을 대던 5세 아이'를 떠올릴 수 있음을 확인했다. 그 달콤했던 육아의 기억과 맞바꾸다니 아무리 대단한 부와 명예를 준다 해도 필요 없다. 단 1초도 망설이지 않겠다. 엄마들은 모두 입을 모아 공감할 것이다. 엄마라면 그 누구도 1초도 망설이지 않는다. 상을 줄 리도 없는데 불손한 말을 늘어놓아서 송구하지만 노벨상 앞에 눈 하나 깜빡하지 않을 것이다. 명심하라. 이런 것이 엄마의 사랑이다.

아들을 둔 엄마라면 '남자의 뇌'를 키우는 일을 기꺼이 즐겼으면 좋겠다. 엄마의 아들이라면 엄마의 이런 사랑을 알아줬으면 좋겠다. 이 책은 이런 마음으로 적어 내려갔다. 여러분은 어떻게 읽었는지 모르겠다.

그동안의 연구 성과를 이 책에 남김없이 담을 수 있었던 것은 내 전작을 열심히 읽고 적확하게 지적해준 출판사 담당자 아카치 노리토 씨 덕분이다. 이 책은 아카치 씨가 어머니를 생각하는 마음에서 시작되었다고도 할 수 있다. 이 자리를 빌어 아카치 씨와 아카치 씨 어머니에게 감사의 말씀을 전한다.

아들의 엄마라는 사실, 그 특별하고 눈부신 역할을 '남녀 두뇌의 장벽'에 갇혀 스트레스로 받아들이지 않기를 바란다. 지금 두 팔 벌려 끌어안을 수 있는 '작은 연인'과 영원히 다정한 이야기를 나눌 수 있도록 편안한 마음을 가지기를 빈다. 모든 엄마들이 오늘도 기쁨으로 충만한 하루를 보내기를 기원한다.

2020년 9월 며느리의 생일날 아침에

구로카와 이호코

아들 취급 설명서

2023년 1월 25일 초판 1쇄 인쇄
2023년 2월 1일 초판 1쇄 발행

지은이 | 구로카와 이호코
옮긴이 | 김성은
펴낸이 | 이종춘
펴낸곳 | ㈜첨단

주소 | 서울시 마포구 양화로 127 (서교동) 첨단빌딩 3층
전화 | 02-338-9151
팩스 | 02-338-9155
인터넷 홈페이지 | www.goldenowl.co.kr
출판등록 | 2000년 2월 15일 제 2000-000035호

본부장 | 홍종훈
편집 | 강현주, 윤혜인
교정교열 | 강현주
본문 디자인 | 조수빈
전략마케팅 | 구본철, 차정욱, 오영일, 나진호, 강호묵
제작 | 김유석
경영지원 | 윤정희, 이금선, 최미숙

ISBN 978-89-6030-612-7 13590

BM **황금부엉이**는 ㈜첨단의 단행본 출판 브랜드입니다.

* 값은 뒤표지에 있습니다.
* 잘못된 책은 구입하신 서점에서 바꾸어 드립니다.
